创新性思维与方法

主编：许维武　蒲玲　许涧　范厚江　曹巍　徐真芸

吉林大学出版社

·长春·

图书在版编目（CIP）数据

创新性思维与方法 / 许维武等主编. -- 长春 ：吉
林大学出版社，2025. 1. -- ISBN 978-7-5768-5102-1

Ⅰ．B804.4

中国国家版本馆CIP数据核字第2025RJ2542号

书　　名：创新性思维与方法
CHUANGXINXING SIWEI YU FANGFA

作　　者：许维武　蒲玲　许涧　范厚江　曹巍　徐真芸
策划编辑：张宏亮
责任编辑：张宏亮
责任校对：矫　正
装帧设计：雅硕图文
出版发行：吉林大学出版社
社　　址：长春市人民大街4059号
邮政编码：130021
发行电话：0431-89580036/58
网　　址：http://press.jlu.edu.cn
电子邮箱：jldxcbs@sina.com
印　　刷：三河市金兆印刷装订有限公司
开　　本：787mm×1092mm　　1/16
印　　张：15.75
字　　数：270千字
版　　次：2025年1月　第1版
印　　次：2025年1月　第1次
书　　号：ISBN 978-7-5768-5102-1
定　　价：68.00元

目　录

第三篇　创新实践

第一篇

创新思想

1 创新创业教育

课程目标:

1. 引导学生了解我国目前的创新现状,深刻认识创新的迫切性与重要性。

2. 理解国家经济新增长点,国民经济处于转型升级时期,应自觉勤奋学习、锻炼独立思维与创新技能。

主要内容:

1. 开设"创新性思维与方法"课程的必要性。

2. 我国新时期创新创业教育的具体内容和在创新创业教育中创新方法的作用。

3. 国内外创新创业教育的现状。

【导入案例】

科研的本质就是创新

中国著名杂交水稻选育专家、中国研究和发展杂交水稻科学技术的主要创始人袁隆平,被誉为"世界杂交水稻之父",是"共和国勋章"的获得者。他认为:"科研的本质是创新,如果不尊重权威、不读书,创新就失去了基础;如果迷信权威、迷信书本,创新就没有了空间。"20世纪50年代初期,袁隆平按照米丘林、李森科的遗传学说开展了"无性杂交"水稻的研究,取得的实验结果受到大家的夸赞。但他不满足实验结果,对实验结果提出了疑问,并思考研究课题方向的是否正确。

袁隆平尊重科学,坚持真理,冷静地思考和分析问题,从不轻易下结论。通过不断研究各种遗传学说，并进行比较。他用实践检验真理，走出了杂交水稻之路，为中国乃至世界的粮食生产作出了巨大的贡献。

袁隆平依靠实践推动和实现的杂交水稻研究，通过一次次在理论上的突破，化解关于"杂交水稻没有优势"的争论；极大地提高了杂交水稻产量；克服了制种杂交水稻的种种困难……他通过锲而不舍的实践，逐步探索出关于杂交水稻的一套完整的技术，取得了举世闻名的成就。

袁隆平为使杂交水稻尽快应用于生产，一方面，将理论运用于实践，另一方面搞好增产示范，并加速推广杂交水稻。袁隆平用实践突破传统遗传学理论，他专注于杂交水稻技术的研究、应用及推广工作。他发明出"三系法"籼型杂交水稻，成功研发"两系法"杂交水稻，构建超级杂交稻技术体系，同时还提出并施行"种三产四"丰产工程。袁隆平梳理超级杂交稻的科技成果，出版中、英文专著6部，发表论文60余篇。

袁隆平在其投身水稻事业的整个生涯中，一直奔波于田间、实验室。他大胆挣脱传统遗传理论的束缚，提出全新的杂交水稻理论。他不辞辛劳，以实际行动诠释了"终身成就奖意味着要奋斗终生"这句话。

党的二十大报告指出："高质量发展是全面建设社会主义现代化国家的首要任务。"同时提到："教育、科技、人才是全面建设社会主义现代化国家的基础性、战略性支撑。"科技创新是高质量发展的关键，人才是核心，教育是基础。

创新在国家发展中起着至关重要的作用，是推动人类社会前行的根本动力。21世纪，知识经济占据主导地位，对创新创业型人才的迫切需求使人们愈发重视创新创业教育。随着我国创新型国家体系建设的持续深化，我国高校创新创业教育迎来新的挑战，必须培育出众多具备创新创业精神与意识的创新型人才。

创新创业教育是教育现代化的重要组成部分，对人才培养的质量提升和学生职业生涯规划有深远的影响。哈佛大学拉克教授说："任何一个梦想成功的人，如果他知道创业需要策划、技术和创意，那么他离成功不远了。"在高校，大学生创新性思维的培养是高校创新创业教育的核心内容，通过创新创业教育，可以培养大学生创新创业意识和创新创业能力。

1.1 创新创业教育的概念

随着各种新技术，如大数据、物联网、人工智能、虚拟现实、数字孪生、数字媒体技术的出现，刺激经济增长的最有效的方法是提升或改革社会各方面的新产品、过程、服务和系统开发，创新创业成为未来的主流趋势。创新与创业的融合教育方法，是一种全面考虑创新与创业的全新教育方法，其核心目标在于提升学生的创新思维、创业观念及其创新创业能力，进而构成一种全新的教育观。全新的教育观是将创新和创业融入到课堂教学、实践教学和社会服务等各个环节，为学生提供全面的创新创业教育。创新创业教育以创新为基础、以创业为载体，将创新和创业的理念相融合，以更好地培养创新创业人才。

1.2 国内外创新创业教育的现状

大学生创新创业教育最早起源于20世纪40年代美国。20世纪中叶，哈佛大学和斯坦福大学相继开展了创新创业教育教学活动，大部分高校先后设立了专门的创新创业类管理学课程，并专注于创新创业研究和创新创业教育教学。20 世纪 60 年代后期，鉴于创业型企业家对美国乃至世界经济与社会结构产生的重大影响，美国百森商学院以蒂蒙斯教授等为代表的经济学家预判"美国正处于一场悄然进行的大变革"，即创业革命，并且创立了创业教育的崭新模式。国外特别是美国等发达国家已经建立了相对完善的大学生创业教育体系，大学生创新创业教育日趋成熟。同时，随着整个社会对大学生创业教育认知的不断深化，在理论研究，以及实践发展双向推进的过程中形成了较为稳定的特质。具体表现为以下三个方面。

一是各国政府高度重视大学生创业教育。创业教育已经纳入美国的国家教育体系，2001年出版的《创业教育国家标准》明确中规定了美国的创业教育课程中课程单元的内涵和每单元的能力标准。德国政府明确指出：高校要成为创业者的熔炉。在澳大利亚，创新创业教育已经进行了40多年。1986年，印度政府提出的《国家教育政策》明确要求高校要培养大学生"自我就业所需要的态度、知识和技能。"肯尼亚技术培训与技能开发部规定："凡有条件的职业学校都要设立创业教育研究室和小企业中心"。

二是政府、高校与社会等相关创业教育责任主体形成了良性的互动关系。国外高校的大学生创业教育的各责任主体分工明确且互动默契，具有较为良好的社会基础。在创业教育的社会支持体系方面，美国形成了"政府引导、社会主导与高校辅助"的责任格局。为保证大学生创业教育的实效性。英国政府积极拨款建立了英国创业中心与全国大学生创业委员会。此外，还通过高等教育学会、高等教育基金委员会积极促进创业教育的教育模式、方法和态度的改变。在德国，大学生就业不仅是学校的职责，更关乎整个社会。在这个过程中，政府、高校，以及社会中介分工明晰。政府系统作为主渠道，企业和学生为主体，学校发挥中介作用，共同致力于全面培育大学生的创新创业实践能力。

三是大学生创业教育的理论与实践课程体系日渐成熟和系统化。其中，美国高校的创业教育课程教学规划完善，其涵盖了创业在不同领域所需要的知识与必备技能。澳大利亚持续健全创新创业教育课程体系，成功构建了包括综合性基础类、工业类、商业发展类教材以及远程教育教材在内的4套模块化教材。

近年来，创业教育已经成为国际教育发展的主流理念之一。国外大学和教育机构更是将创业教育放在了战略发展的层面上，创业教育在大学生个体全面发展中的作用越来越重要，通过创业教育可以培养大学生的自学能力、原创能力、创业能力和挖掘个体的潜能。

总体而言，国外的创业教育模式展现出创新思维、创业精神和创造价值这三个方面，这是创业教育的核心教育要点。

20世纪80年代末至90年代初，随着改革开放和社会经济的发展，我国逐步开展创新创业研究与教育教学。我国的创新创业教育发展大致可以分为3个阶段：1989—1998年为起步阶段，1999—2001年为兴起阶段，2002年至今为广泛传播阶段。我国学者提出高校应培育"知识+技能"的复合型人才；开展的创新创业教育应该是开放式的，应将实践融合到基础理论教学里；充分发挥"产学研"基地的优势，强调大学教育的创新性和实用性。

一批最早开设创新创业教育的高校，如上海交通大学、中国科学技术大学、大连理工大学、东北大学等组织开展创造发明和创新方法相关的课程教学活动，并成立创造小组、创造发明协会、创造发明学校等活动组织，积极推进国内创新创业教育的发展。2002 年，随着创业浪潮的兴起，创新创业教育在国内正式开启，清华大学、上海交通大学等9所高校率先被确定为开展创新创业教育的试点高校，有力推动了创新创业教育的发展。

目前，我国创新创业教育正处于快速发展阶段，国家出台了一系列政策，如《国家中长期教育改革和发展规划纲要（2010—2020 年）》，将创新创业教育纳入国家教育发展规划，为创新创业教育的发展提供了政策支持。越来越多的高校将创新创业教育纳入人才培养体系，主要体现在：一是在课程设置方面，越来越多的高校开始开设创新性思维与方法、创新教育基础与实践、创造学，以及创业基础、创业实务、创业实训等系列创新创业课程；二是采用多元化的创新创业教育教学方式，如讲授式、案例式、角色扮演、师生互动和团队讨论等多种形式，大力提高学生创新创业能力；三是将创新创业理论与实践结合，如将创新创业理论知识运用到大学生创新创业训练计划和创新创业竞赛及科技创新活动中，通过理论实践相结合，极大地丰富课程的教学活动内容；四是设立大学生创新创业孵化基地、众创空间、创新创业教育中心、大学科技园等，为创新创业教育实践活动提供支持，为大学生提供良好的创新创业实践的平台；五是高校与企业、政府等合作，产学研融合，共同推动创新创业教育的发展。

综上所述，国内创新创业教育与发达国家相比仍存在一定差距。未来，我们需持续深化创新创业教育的理论研究与实践探索，着力培养更多具备扎实创新创业能力的人才，为国家发展和社会进步贡献力量。

1.3　新时期下的创新创业教育

习近平总书记强调："创新是社会进步的灵魂，创业是推动经济社会发展、改善民生的重要途径。青年学生富有想象力和创造力，是创新创业的有生力量。"加强大学生创新创业教育，能积极推进高等教育综合改革、提高人才培养质量。大学生作为国家内生动力中充满活力的群体，是具备较强自主创新创业潜力的人群。高校应加强大学生创新创业教育，全面培养大学生创新创业能力，既可以缓解就业压力、构建和谐社会，还可以助力经济增长、为建设创新型国家起到重要的作用。《国家中长期教育改革与发展规划纲要（2010—2020 年）》提出，"着力提高学生服务国家服务人民的社会责任感、勇于探索的创新精神和善于解决问题的实践能力"。

2010 年 5 月，教育部在《关于大力推进高等学校创新创业教育和大学生自主创业工作的意见》中明确指出，"在高等学校开展创新创业教育，积极鼓励高校学生自主创业，是教育系统深入学习实践科学发展观，服务于创新型国家建设的重大战略举措；是深化高等教育教学改革，培养学生创新精神和实践能力的重要途径；是落实以创业带动就业，促进高校毕业生充分就业的重要措施"。

2012 年 8 月，教育部办公厅颁布了《普通本科学校创业教育教学基本要求（试行）》，针对创新创业教育课程的教学目标、教学内容、教学方法，以及教学组织等方面进行顶层规划，有效提升了创新创业教育的针对性与实效性。此后，众多高校将创新创业教育纳入学校改革发展规划及人才培养体系之中，开设相关课程，致力于营造大学生浓厚的创新创业氛围。2014 年 3 月，教育部建立高教司、科技司、高校学生司、就业指导中心四大司局的联动机制，形成创新创业教育、创业基地建设、创业政策扶持、创业指导服务"四位一体、整体推进"的格局。

2015 年，中国正式启动"双创"国家战略。在《国务院政府工作报告》中，明确驱动经济发展的"双引擎"，即大众创业、万众创新及增加公共产品、公共服务。随后，各地掀起了"大众创业、万众创新"的热潮。2015 年 5 月，国务院办公厅颁布《关于深化高等学校创新创业教育改革的实施意见》指出，深化高等学校创新创业教育改革，是国家实施创新驱动发展战略、促进经济提质增效升级的迫切需要、是推进高等教育综合改革、促进高校毕业生更高质量创业的重要举措。到 2020 年建立建全课堂教学、自主学习、结合实践、指导帮扶、文化引领融为一体的高校创新创业教育体系，人才培养质量显著提升，学生的创新精神、创业意识和创新创业能力明显增强，投身创业实践的学生数量显著增加。这标志着高校创新创业教育从"以创带就"迈入"双创"驱动发展的新时期，从单纯的创业教育拓展转变为以创新为基础的创新创业教育，促使创业者转型升级为驱动经济社会发展的人才，使创新者实现创业。2016 年 5 月，国务院办公厅发布《关于建设大众创业万众创新示范基地的实施意见》，进一步推动创新创业教育朝着综合性和实效性的方向发展。

"大众创业，万众创新"是国务院根据我国经济社会发展提出的战略性决策，培养学生的创新创业能力是贯彻国务院"双创"战略、提升现代教育质量的根本要求。创新创业教育可以有效地提高学生的创新思维与能力，同时对学生的创业能力进行培养和锻炼，进而为学生的职业发展提供坚实的基本素质保障。它不仅有助于学生在未来的职场中脱颖而出，还能为国家的经济发展和社会进步注入新的活力。

习近平总书记强调："全社会都要重视和支持青年创新创业，提供更有利的条件，搭建更广阔的舞台。"在新时期，创新创业教育已然成为一项涵盖跨专业融合、校内外多部门协同，以及社会多元主体共同参与的系统工程。对高校而言，需要全力搭建开放协同的创新创业教育平台，积极吸引优质的社会资源与教育资源融入创新创业人才的培养当中。进一步深化产教融合，大力促进企业与高校在创新创业教育方面的合作，实现校企联合创新、协同育人的良好局面。同时，应充分利用国际合作网络，踊跃参与联合创新创业实验室的建立及国际创新创业活动和竞赛等，持续提升创新创业教育的国际化水平，推动创新创业教育向高水平方向发展。

1.4 创新方法在创新创业教育中的作用

自主创新是国家、企业和个人的发展之本，自主创新的关键是创新方法。我国著名科学家王大珩、刘东生、叶笃正等三位科学家联名向温家宝总理提出了《关于加强创新方法工作的建议》。提出，"自主创新，方法先行。创新方法是自主创新的根本之源。"2008 年 4 月，科学技术部、国家发展和改革委员会、教育部、中国科学技术协会联合发布《关于加强创新方法工作的若干意见》指出，"创新方法工作要强化机制创新、管理创新与体制创新，积极营造良好的创新环境，形成全社会关注创新、学习创新、勇于创新的良好社会氛围。建立有利于创新型人才培育的素质教育体系，培养一大批掌握科学思维、科学方法和科学工具的创新型人才，催生一批具有自主知识产权的科学方法和科学工具，培育出一批拥有自主知识产权和持续创新能力的创新型企业。为自主创新战略、建设创新型国家提供强而有力的人才、方法和工具支撑，大幅提升国家核心竞争力。"

近年来，国内各大高校积极开展创新方法训练及创新创业工作，这一举措得到了教育部的高度重视。2013 年 5 月，教育部成立高等学校创新方法教学指导分委会，其主要职责是对全国高校的创新方法教学进行深入研究、提供专业咨询、给予有效指导、进行科学评估及提供全面服务。当前，高等学校创新方法教学指导分委会在高校创新方法教学、教材建设、教师队伍建设，以及校企合作等方面均取得了显著成果，为创新方法教育教学工作的顺利开展奠定了坚实的基础。

培养具有创新创业精神与创新创业意识，以及创新创业能力的人才是创新创业教育的目标。在创新创业教育中，创新方法是重要的内容和手段，创新方法包括科学的思维与方法、科学的创新工具等。在创新创业教育中灵活运用创新方法可以培养学生创新思维、提高创新能力、促进团队协作、拓展创新领域、培养企业家精神和增强创新创业环境。构建高校创新方法培养体系，推动创新方法的应用实践，对高校创新创业人才培养和教学改革具有非常重要的意义。

【思考与练习】

1. 什么是创新创业教育？
2. 高校开展创新创业教育的意义有哪些？

2 创新的内涵

课程目标：

1. 引导学生理解创新的定义及性质，认识创新的重要性，培养学生的创新意识。

2. 通过案例分析，领悟创业及创业精神的重要性，培养学生的团队精神。

课程内容：

1. 理解创新的定义、性质及创新的基本类型。

2. 认识创意的内涵及特征，明白创意、创造及创新的关系。

3. 了解创业内涵及创新与创业的关系。

4. 领悟大学生创业精神的重要性。

【导入案例】

手套的分解

手套作为人们熟知的日常生活用品，若对其进行分解，会有哪些收获呢？一位工程师在使用电脑输入时，觉得五笔字型的指法和字根极难记忆。某天，他看到同事戴着手套在键盘上操作，他突发奇想，把一双薄型白手套的指套部分剪掉，接着在手套背面印上五笔字型的指法和字根规则，由此发明了专利产品"电脑上机手套"，"电脑上机手套"深受初学五笔打字者喜爱。在生活中使用手套，仅需用到手指部分，然而大多数人并未深入思考这个问题。西安某高校的一位教师反其道而行之，将手套的指套部分进行分解，设计出单独的产品，即"卫生指套"。若采用无菌材料制作指套并附在食品包装中，食用者在食用前将其套在手指上，便能有效防止手指上的细菌污染食品，尤其适合旅行者在旅途中使用。他同样获得发明专利，如今很多食品袋中都配有这种手指套。

手套是人们日常生活中司空见惯的东西，但对其进行分解和再组合，我们就拥有了不同用途的新产品，这说明了什么问题？

在生活中司空见惯或非常熟悉的东西，人们可以按常规思维去理解它的功能和作用。但若转换思路，通过采取不同的方式或方法将它进行分解和重组，满足不同场合和对象的特殊使用要求，就是创新，而解决问题的思路就是创新思维。

创新是人类社会发展的原动力，人类社会发展的历史实际上就是一部"大众创业、万众创新"的历史。18世纪的工业革命，许多与蒸汽机有关的重大技术其实都是普通技术工人发明的；20世纪80年代初，我国以家庭联产承包责任制为核心的农村经济体制改革，推动大量的乡镇企业异军突起，成就大批的农民企业家；在社会主义市场经济改革的浪潮中，部分机关事业单位、国有企业职工"下海创业"，促使大量民营企业异军突起，成就今天以华为、联想、海尔等为代表的一批知名企业。

在科学发展史上，每一次科学技术的革新、产业的革命都会涌现出许多创新者和创新产品。例如，英国发明家詹姆斯·瓦特（James Watt）发明的蒸汽机，其推动人类历史的发展，蒸汽机的出现引起 18 世纪的工业革命，直到20世纪初，它仍然是世界上最重要的原动机，后来才逐渐让位于内燃机和汽轮机等。1876年3月10日，电话问世，掀起了人类生活方式改革的狂风巨浪，彻底地改变了人们的生活方式。爱迪生在寻找灯丝材料时可谓费尽了心血，他尝试了上千种材料之后，终于找到合适的材料，即钨丝。爱迪生发明了电灯，为人们带来光明。1924年，爱德文·鲍威尔·哈勃（Edwin Powell Hubble），在美国天文学会的一次学术会议上，将"河外星系"这一发现正式公布。自此，有史以来有关旋涡星云是近距天体还是银河系之外宇宙岛的争论被画上句号，人类探索大宇宙的崭新一页就此展开，为人类的宇宙观带来全新革命。1941年，"分配色层分析法"的发明，解决了青霉素提纯的关键难题，推动医学迈入抗生素防治疾病的新时代。我国科学家袁隆平专注于杂交水稻技术的研究、应用与推广，他提出杂交水稻的育种发展战略，即方法上从三系发展到两系再到一系，程序愈发简单且效率不断提高。在杂种优势水平上，从品种间到亚种间再到远缘杂种优势利用，优势持续增强，杂交水稻一步步迈向新台阶。这一思路已被国内外同行采纳，并成为杂交水稻育种发展的指导思想。在人类发展的历程中，此类案例数不胜数。

2.1 创新的内涵

2.1.1 创新的定义

"创新"，在《辞海》中解释为"创者，始造之也"，"新，初次出现，新鲜"。创新，即作出前所未有的新鲜事情，改旧更新之意。"创新"在英文中为"innovation"，其意思是发明（invent）、创造（create）或者是革新（innovate）行为，中英文含义相近。

创新是以新思维、新发明和新描述等为特征的一种概念化过程。起源于拉丁语，它包含有三层含义：一是更新，就是对原有东西进行替换。例如，对产品进行升级换代，工作单位设置新工作岗位；二是创造新的东西，就是创造或设计出原来没有的东西。例如，中国嫦娥四号代表人类第一次登上月球背面；三是改变，就是对原来的东西进行发展和改造。例如，某单位举办一场独特、新颖的与往年不同的周年联欢会；部门推行实施新的工作方法；生产车间进行某些技术方面的改进等。

最初，人们对创新的理解源自技术与经济相结合的视角，重点探讨技术创新在经济发展进程中的作用。在这方面，美籍经济学家约瑟夫·熊彼特（Joseph Alois Schumpeter）是主要代表人物。他提出熊彼特创新理论，并在其著作《经济发展概论》中指出：创新是指把一种新的生产要素和生产条件的"新结合"引入生产体系。具体包括以下五种情形：其一，推出一种新产品；其二，引入一种新的生产方法；其三，开拓一个新的市场；其四，获取原材料或半成品的一种新的供应渠道；其五，实现一种工业的新的组织形式。

熊彼特的创新涵盖技术性变化的创新，以及非技术性变化的组织创新等诸多方面，其创新概念所涉及范围十分广泛。鉴于创新所侧重的方面不同，创新的定义也各不相同。然而，人们通常普遍认为，创新是对已有的创造成果进行改进、完善及应用等活动，是建立在已有创造成果基础上的再次创造，是对原有创造成果的升级与换代。例如，华为手机产品的迭代。2011年，华为推出了第一款智能手机 Ascend P1，标志着华为正式进入智能手机市场；2014年，iPhone6 系列问世，大小屏组合的旗舰策略直接带来奇效，其系列销量一骑绝尘；2017年2月，巴塞罗那MWC展会，发布了全新的P10系列，徕卡双摄之黑白镜头传感器，换成了解析力更高的 IMX350。指纹识别模块移到了屏幕下方，处理器迭代为麒麟960……2023年3月，全新的P60系列带来了让人眼前一亮的洛可可白配色、P 系列史上最强标准版及 Art 版本。已有创造成果既可以是有形的物品，如各种产品等，也可以是无形的事物，如理论、技术、工艺、机构、服务等。

创新是人类所独有的认识能力与实践能力。它是以现有的思维模式为基础，以不同于常规或常人思路的见解作为导向，借助现有的知识和物质，在特定的环境中，为理想化的需要或者为满足社会需求，对新的事物进行改进或者创造，这里所说的新事物包含但不限于各种产品、方法、元素、路径、环境等。创新是人类主观能动性的高级表现形式，也是推动民族进步和社会发展的持续动力。一个民族若想走在时代的前沿，就不能缺少创新思维，也不能停止各类创新活动。创新在经济、技术、社会等领域的研究中占据着至关重要的地位。可以说，创新是人类极为珍贵的品质。世界发展的动力源自创新，科学技术的生命也在于创新。人类社会是随着创新诞生和发展起来的，人类的文明史就是一部创新史。

一个人在某一问题上的解决办法是否具有创造性，并不取决于这一问题及其解决方法是否曾被他人提出过，关键在于对提出者自身而言是不是新颖的、从未有过的。只要相对于自己而言，是新的想法、新的做法、新的观念、新的设计、新的方式、新的途径，那就属于创新。

2.1.2 创新的性质

创新是一种发现或发展新想法、观点、方法、事物、过程、系统、结构或模型的过程。它可以是一种发明或改进；可以是一种新理论、方法、技术、产品或服务的发展；可以是技术上的，也可以是社会、经济、文化或思想上的发展。创新可以是渐进的，也可以是革命性的，可以是自主的，也可以是外部的。它可以是原创的，也可以是衍生的。创新可以是人类行为的结果，也可以是自然过程的结果。创新具有以下两个性质。

其一，无中生有。无中生有意味着科学发现和技术发明。从钻木取火、电的发现，到世界上第一台蒸汽机、电灯、电话、电脑、电视、激光、原子能、移动互联网等，这些都是无中生有的成果，皆是创新，它们改变了整个人类的生活。

其二，有中生无。有中生无是指对现有事物进行改进，如技术的改进、管理的完善、产品的升级换代等。

【案例2-1】

生活中的小创新

某公司因味精销量下滑而焦虑不已。某天，该公司经理向全体职工下达命令："为使味精销售额增加一倍，每人至少提出一个设想，不论何种设想都可。"公司各部门纷纷提出诸如销售奖励政策、引人注目的广告、改变瓶子样式等各种方案。该公司的一位女职工，在一天做晚饭准备粉状佐料时，由于佐料潮湿难以倒出。她将筷子插入瓶口内盖的孔里，把孔弄大了一些，没想到佐料顺畅地倒了出来。这时，她的母亲说道："你们公司经理不是让你们提设想吗？刚才你的这个方法不正好吗？"她说："哪个方法？"他母亲回应："把瓶口开大一点呀！"她思索着："这也算吗？"由于她实在想不出其他办法，只好提出将味精瓶口内盖的孔增大一倍的设想方案。让她没想到审查结果公布时，她的这一方案竟列入中奖的十五个项目之中，她获得了三万日元奖金。经过试销，销售额果然倍增。为此，该公司经理还给予她特别奖。她深感惊讶："原以为设想是很难的事，却如此轻易就得奖了……"事实上，创新有时就是这么简单。

2.1.3 创新的类型

创新类型可从多种角度展开，如果依据内容进行分类，创新可划分为产品创新、技术创新、工艺创新、服务创新、商业模式创新五大基本类型。

1. 产品创新

产品创新是指对某种全新产品或对某种产品的功能实施创新。在传统意义上，产品被定义为有形的、物理的物品或原材料，涵盖从生活用品（如牙膏牙刷）到工业材料（如钢筋水泥）等各类物品。产品创新又可细分为全新产品、新产品线、对已有产品品种的补充、老产品的改进，以及重新定位的产品等类别，产品创新还可进一步分为构成产品的零部件创新、功能创新及系统创新等。成功的产品创新必须在质量、外观、方便性、实用性、安全性能等诸多方面持续改进，满足顾客需求，获得更广泛的顾客基础，提高企业的市场竞争力。

2. 技术创新

技术创新是以创造新技术为目标的创新，包括新技术的开发，或者对已有技术进行应用创新。例如，创新一种新的激光技术，或者以现有的激光技术为基础开发一种新产品或新服务。技术创新可分为独立创新、合作创新及引进再创新三种模式。技术是产业的源头，而科学又是技术的源头，技术创新建立在科学原理的发现基础之上，而产业创新主要建立在技术创新的基础之上。

3. 工艺创新

工艺创新是指企业采用全新的或有重大改进的生产方法、工艺设备或辅助性活动。工艺创新包含以下三个层次。

（1）工艺创新，源于企业发展战略，它是根据业界发展趋势来看必然要发展的，如细胞生产、精益生产、柔性制造系统等。

（2）工艺实时创新，源于产品创新，即产品研制阶段的工艺创新。其创新源于新产品设计时出现的生产技术瓶颈，主要为正在研制的产品服务，这一阶段的工艺创新往往更多的是利用现有技术进行二次开发。

（3）工艺流程创新，源于批量生产阶段，其目的是在大批量生产的同时，更好地保证产品质量，提高劳动生产效率，降低成本，实现企业效益的最大化。

4. 服务创新

服务创新就是使潜在用户感受到不同于以前的崭新服务内容，是指新的设想、新的技术手段转变成新的或者改进的服务方式。服务业在国民经济中的地位日益重要，其迅猛发展是现代经济发展的一个显著特征。服务业已经成为世界经济发展的核心，以及世界经济一体化的推动力。随着企业和服务业面临的竞争压力越来越大，越来越多的企业和服务业高度重视服务创新。服务创新是企业为提高服务质量和创造新的市场价值产生的服务要素变化，是对服务系统进行有目的、有组织地改变的动态过程。进行服务创新就是发展新的服务理念。

【案例2-2】

某火锅以其独特的服务创新

某火锅以其独特的服务创新成功入选《快公司》中文版的最佳创新公司50强。其上榜理由在于通过全球开店逐步迈向国际化。2015年，某火锅持续对社区店进行管理与运营优化，以更高的服务标准，依据不同社区的需求，实现差异化服务。

某火锅的服务创新体现在多个方面。从顾客进入门店的那一刻起，热情周到的接待便让人如沐春风。在顾客等待就餐时，为顾客提供的各种娱乐设施和小零食，有效缓解了顾客的焦虑。在就餐过程中，服务员对顾客的需求洞察入微，及时响应，从为顾客递上热毛巾到贴心地为长发顾客提供发圈，每一个细节都彰显着对顾客的关怀。

此外，某火锅还不断推陈出新，根据不同的季节和节日推出特色菜品和活动，为顾客带来新鲜感。其对社区店的差异化服务更是精准地满足了不同社区居民的需求，如在一些老年居民较多的社区，准备更加清淡的菜品和更贴心的服务；在年轻人聚集的社区，举办主题派对等活动，增强与顾客的互动。

某火锅的服务创新不仅为餐饮行业树立了标杆，还向世界展示了中国企业在服务领域的卓越追求和创新能力。某火锅的商业模式特征见表1-1。

表1-1　某火锅商业模式特征

就餐时段	自制的服务创新项目
就餐之前	停车服务：引导停车和代客泊车服务； 等位服务：提供免费水果和小吃、饮料、各种棋牌玩具（包括美甲、擦鞋等）； 洗手间服务：提供洗手液、毛巾、化妆品、母婴用品等。
就餐之中	点菜建议：可点半份菜、可退菜，送果盘或菜品； 就餐服务：涮菜、捞菜服务； 赠送服务：眼镜布、手机套、头绳，更换热毛巾等； 其他服务：为顾客过生日，现场甩面条，唱生日祝福歌等，为带小孩的客人提供专门服务，为孕妇提供专门服务等。
就餐之后	酌情打折或免单；赠送果盘或礼物、零食；雨天借伞，寄存酒类；代客取车等。

5. 商业模式创新

互联网的出现彻底改变了传统的商业竞争环境与经济规则，标志着"数字经济"时代的到来。互联网使大量新的商业实践成为现实可能，一批依托它的新型企业应运而生。商业模式创新是改变企业价值创造的基本逻辑，是提升顾客价值和企业竞争力的活动，其目的在于提升顾客价值与企业竞争力，进而改变企业价值创造的基本逻辑。它可能涵盖多个商业模式构成要素的变化，可能包括要素间关系的变化。商业模式创新是将新的商业模式引入社会的生产体系，为顾客和自身创造价值。通俗来讲，商业模式创新就是指企业以新的有效方式获取利润。新引入的商业模式，既可能在构成要素方面与传统的商业模式有所不同，也可能在要素间关系或者动力机制方面与传统的商业模式存在差异。商业模式的创新不仅受到商业界的高度重视，学术机构及政府部门也对其极为关注。创新创业是我国未来数十年经济社会发展的主旋律之一，商业模式创新作为其高端形态，是改变产业竞争格局的重要力量。商业模式创新实践不仅局限于传统以营利为主要目的的企业，还拓展到社会企业、非政府组织，以及政府部门。商业模式创新，不单是传统以营利为主要目的的企业所需要的，更是社会企业、非政府组织和政府部门所不可或缺的。

2.1.4　创新的领域

创新所涉及的领域极为广泛，其涵盖科技、文化、经济、政治、军事、社会等多个方面。在通常情况下，创新可分为科技创新、文化创新、艺术创新、商业创新等类型。在学科领域、行业领域和职业领域这三个方面，创新的体现尤为突出。在学科领域，创新表现为知识创新；在行业领域，创新表现为技术创新；在职业领域，创新表现为制度创新。

科技创新指的是科学技术领域的创新。它是社会生产力发展的源泉，是人类社会发展的重要引擎，也是应对众多全球性挑战的有力武器。以科技创新来解答人类发展难题，已成为世界各国共同的追求。在加强国际科技创新合作方面，中国既是积极的倡导者，又是坚定的实践者。以创新引领发展，已成为中国实现高质量发展的动力源泉。中国用科技合作推动共赢共享，助力全球发展，积极推动构建人类命运共同体。科技创新已成为中国构建新发展格局、实现高质量发展的必然选择。

中国科技创新成果在人工智能、生物技术和新能源等领域取得显著成就，并对社会经济发展产生积极影响。中国的人工智能技术在全球范围内独树一帜。无论是人脸识别、自动驾驶还是智能机器人领域，中国科技企业均取得了显著的成果。例如，中国的人工智能公司已经成功商业化人脸识别技术，并将其应用于各个领域，包括安全监控、金融服务等。科技创新不仅提高了社会管理的效率，还为人们的生活带来便利。生物技术是中国科技创新的另一个重点领域，中国的基因编辑技术在国际上处于领先地位，通过基因编辑，中国科学家已经成功地治愈一些遗传性疾病，并为未来疾病防治提供了新的研究方向。此外，中国还在农业领域推广了转基因技术，提高了农作物的产量和抗病能力，为解决全球粮食安全问题作出了重要贡献。中国在新能源领域也取得了令人瞩目的成就，中国是全球最大的新能源车市场，电动汽车和光伏发电技术是其中的两个亮点，中国的电动汽车产业已经实现了从技术跟随到技术引领的转变。同时，中国的光伏发电技术也在全球范围内占据重要地位，为全球可持续发展作出了积极贡献。中国科技创新成果在国内外均获得广泛的认可。要加大全球影响力，中国还需要进一步加强与国际科技界的合作与交流，这不仅有利于加快创新成果的转化应用，还有助于提高中国在全球科技竞争中的地位。随着中国科技创新的不断深化，相信中国在世界科技舞台上的地位将越来越高。

【案例2-3】

龙芯中科亮相2023全球数字经济大会，全自研CPU

2023 全球数字经济大会云融技术创新引领论坛在北京召开，会上发布了《2023 年中国云生态蓝皮书》和《2023 年中国云生态创新应用案例集》。龙芯中科作为中关村云计算产业联盟理事单位，受邀参加大会，并被选为《2023 年中国云生态蓝皮书》中唯一的全自研CPU典型代表企业，同时在《2023 年中国云生态创新应用案例集》中获评优秀案例企业代表，受到业界广泛关注与赞誉。

《蓝皮书》强调，龙芯中科在复杂的国际环境下，于2021年推出全自主研发的龙架构（LoongArch）指令系统，解决了CPU芯片受制于人的问题。在云计算领域，龙芯中科持续布局，16核心的龙芯3C5000和32核心的3D5000已广泛应用于数据中心和云计算中心等场景。龙芯3D5000由两颗3C5000封装而成，主要应用于高性能计算场景，实现全栈级的安全可控。龙芯CPU内置SE模块，是首款将通用计算、密码技术、可信技术三者融合的处理器。龙芯国密可信云一体化方案得以高效地实施密码算法和可信计算支撑能力，实现了自主设计与安全设计的深度融合。在生态方面，龙架构已成功适配天翼云、联通云、浪潮云、百度云、云轴、云宏等主流信创云厂商，实现多种芯片计算资源池的统一管理和灵活调度，提供可持续发展的安全信创技术路线。

2.1.5 创新的地位

人类社会从低级到高级、从简单到复杂、从原始到现代的进化历程，就是一个不断创新的过程。人类文明进步所收获的丰硕成果，主要归功于科学发现、技术创新，以及工程技术的不断进步，不仅得益于科学技术应用于生产实践后所形成的先进生产力，还得益于近代启蒙运动带来的人们思想观念的巨大解放。不同民族发展的速度有快有慢，发展阶段有先有后，发展水平有高有低，究其根本，民族创新能力的水平是造成影响的主要因素之一。

1. 创新有力地推动社会生产力不断发展

科学技术的每一次进步与发展都是通过创新实现的，科学的本质就是创新，科技创新是生产力发展的关键引擎。不管是生产力里人的要素，还是物的要素，科技创新都能提升其质量，还能从总体上提升生产效率。创新使人们的生产工具得以改变和更新，推动生产技术的进步，锻炼并提高劳动者的素质，开辟出更广阔的劳动对象，进而推动社会生产力向前迈进。

2. 创新能推动生产关系与制度发生变革

创新不仅能促进生产力发展，还能推动生产关系和社会制度的变革。基于实践的理论创新是社会发展与变革的引领者。通过理论创新能推动制度创新、科技创新、文化创新，以及其他各个方面的创新。

3. 创新促进人类思维和文化不断发展

创新推动人类思维方式发生变革。思维方式的变化归根结底是由人的实践方式所决定的。不同的实践活动决定着思维活动的不同性质，以及思维方式的不同内容。在实践基础上进行的理论创新，以及在理论指导下开展的实践创新，在推动科技发展的同时，使人类认识的对象和范围越来越广阔，人类思维的性质和水平持续更新和提高。

创新有力推动人类文化不断发展。纵览中外历史，人类文化的每一项进步皆是广大人民群众通过劳动创新所带来的成果，如从《黄帝内经》发展到《本草纲目》；从《齐民要术》进步到《农政全书》；从《山海经》演变到《西游记》；从最初的小洋房发展为摩天大厦；从无声黑白电影发展为彩色立体声电影，再到如今的高清数字电影，等等。

创新是一个民族不断进步的灵魂所在。面对日益激烈的国际竞争形势，我们应将创新置于国家发展全局的核心地位，持续推进理论创新、制度创新、科技创新、文化创新等各个方面的创新工作。

2.2 创新的外延

2.2.1 创意

1. 创意的内涵

创意是创造意识或创新意识的别称。从通俗角度来看，创意就是创造出新的意趣或意境。《现代汉语词典》将其解释为"具有创造性的想法、构思等"。例如，在写作时我们拥有好的想法和巧妙的构思，或者有新颖的想法、念头、打算，以及创造性的意念等。创意具有名词和动词两种词性。作为名词的"创意"，是指新颖或巧妙的构思及创造性的意念。作为动词的"创意"，是指从无到有产生新意念的思考过程。从创意的起源来看，"创"意味着创新、创作、创造等，它能促进社会经济的发展；"意"代表意识、观念、智慧、思维等。创意源于人类的创造力、技能和才华，人类是创意、创新的产物，创意源于社会，又对社会发展起到指导作用。人类在创意、创新中诞生，在创意、创新中不断发展。

2. 创意的特征

创意的特征主要表现为突发性、形象性、自由性和不成熟性。

创意的突发性是指思考的突变式飞跃和创意的突然降临。这种突变式的思考飞跃和突如其来的创意，使感性材料或灵感启示迅速上升为理性认识。例如，国王要求阿基米德从一顶王冠中检测是否掺进了白银，阿基米德百思不得其解。有一天，他带着沉思走进浴室，当他坐到浴缸里时，看到溢出的水，突然有了办法。阿基米德将各种物体放入盛满水的容器中，反复实验并测量，证实溢出的水的体积与侵入水中的物体的体积完全一致。他运用这种方法推断出王冠里掺入了比黄金轻的白银，并因此发现了浮力定律，即阿基米德第一定律。

创意的形象性是指思考的外观表现生动传神、栩栩如生。我们都知道微观粒子非常小，一个阿尔法粒子的直径不到一万亿分之一厘米，即使用最高级的显微镜也无法看到它们。在研究中，科学家常常因为看不到原子的行踪而苦恼，对原子和其他微观粒子的研究就像盲人走夜路一般困难。1894 年，青年学者威尔逊受国家气象局委托，来到位于苏格兰那维斯山顶的天文台研究大气物理。每天早上，威尔逊在山顶上都能看到太阳从东方升起，阳光从迷雾中穿过，透出千万道美丽的光芒。他想到，能不能创造一个人工的云雾室，使粒子在云雾中显示出自己的运动轨迹呢？通过实践，威尔逊攻克了这个难题，找到了显示原子轨迹的方法。"使粒子在云雾中显示出自己的运动轨迹来"就是一种创意。

创意的自由性是指思考在方向上是发散的、灵活的、多路的、全方位的，具有充分的自由性。在创意的选择上也是自由开放的，人们常常会依照自己的本能去思考自己最愿意做的事情。有时"业余爱好者"往往表现出思维开阔、不受拘束、自由奔放的特点。

创意的不成熟性是指创意具有相对的模糊性和不成熟性。这种模糊性和不成熟性在经过推论、实践、验证之后，才能成为创新、设计和方案。创意并不等同于创新思维的最终产物。因此，在创意诞生后，还必须有一个对创意进行验证的过程，有一个去粗取精、去伪存真、由表及里的再思考过程。

【案例2-4】

某品牌咖啡的创意

某品牌咖啡为吸引 18~35 岁的大学生和年轻白领为主的年轻群体，他们追求创意、个性，热衷于网络分享。2009年8月13日—2009年10月8日，某品牌咖啡开展了一场名为"咖啡玩上'饮'漫画总动员"的有奖活动。该活动奖品丰富且时尚，主要是引导消费者创作与某品牌咖啡即饮饮料相关的趣味故事。借着某品牌咖啡即饮饮料更换新包装的契机，以网络为平台开启新一轮品牌推广。无论是网站的设计风格，还是丰富多彩、活泼生动的卡通人物题材，都充分彰显出符合年轻人喜好的时尚感与原创性。在比赛中，某品牌咖啡对参赛的创作作品提出要求，即每个漫画作品必须包含场景、咖啡产品和品牌标志等元素，并将这些元素融入品牌形象，从而使某品牌咖啡即饮饮料"无论到哪里，和你在一起"的产品特性深入人心，极大地提升了品牌好感度。

从某品牌咖啡的"漫画总动员"项目可以得知，一个创意的开发涉及众多主观和客观因素的参与，如创意开发的主体、对象及手段等。创意开发也可以被看作是这些要素在特定社会环境中相互作用、相互联系，并不断朝着创意开发目标靠近的过程。若要深入理解创意开发，就必须对创意开发活动的要素，以及创意开发的环境进行研究。

2.2.2 创造

1. 创造、发明、发现的定义

创造指的是将以前不存在的事物创造出来，这是一种典型的人类自主行为，即发明制造出前所未有的事物。其最大的特点在于有意识地对世界进行探索性劳动。创造分为绝对创造和相对创造。绝对创造意味着完全前所未有的事物被创造出来，而相对创造是指部分内容是前所未有的。

发明通常是人类通过技术研究而获得的前所未有的成果。《中华人民共和国专利法》明确指出：发明是针对产品、方法或者其改进所提出的新的技术方案。

发现是对客观世界中此前未知的事物、现象及其规律的一种认识活动。发现常常被称为科学发现，这是由于发现的结果本身是客观存在的，并不受人类意志的影响。例如，"中华民族不但早在八千年之前就缔造了辉煌的水运历史，而且在八千年前，在频繁且漫长的航运过程中，把最早的人类文明、古代文化以及科学技术传播到美洲和世界各地"。

【案例2-5】

法拉第发现电磁感应现象

1831年，迈克尔·法拉第（Michael Farady）发现电磁感应现象。但在当时有人问法拉第这种现象有什么用时，法拉第描述说：就像一个刚刚出生的婴儿，在长成的过程中不断变化，谁也不知道他会长成什么样子，也就是说当时法拉第自己也不知道这一发现到底有哪些用处。时至今日，电磁感应现象诞生了许多创新成果，极大地改变了人们的生活。例如，发电机、变压器、感应电机、充电电池的无接触充电、感应焊接、电感器、电磁成型（电磁铸造）磁场计、电磁感应灯、中频炉、电动式传感器、电磁炉、磁悬浮列车等。

2. 创造的类型

创造所涉及的范围较广，存在不同的分类方式。在一般情况下，创造按创造性的大小、创造的内容、创造过程等方面进行分类。

从创造性的大小来划分，创造可以是首创的事物，也可以是改进的事物，首创的事物与改进的事物在创造性上有较大差异。据此，可以将创造分为"第一创造性"和"第二创造性"。首创属于"第一创造性"，指的是人类历史中那些重大的发明和创造，如中国古代的"四大发明"、屠呦呦对青蒿素的研究发现、袁隆平的杂交水稻技术、爱因斯坦创立的相对论、莱特兄弟发明的飞机、爱迪生发明的白炽灯等。这些都是从无到有的创造成果，创造性极高，属于第一创造性，第一创造性通常是少数人所拥有的活动。改进属于"第二创造性"，是指人们在当前已有的技术或产品基础上，通过理解和掌握的理论与技术，结合相应的其他条件进行融合和再生，创造出大量具有社会价值的新事物，如工厂的技术革新、产品的升级换代等。

按照创造的内容进行分类，人类的创造可以分为物质财富的创造、精神财富的创造和社会组织的创造三类。物质财富的创造是指创造的成果属于物质领域的事物，如研究设计并生产一种有形的物质产品，如飞机、大炮、火车、卫星、眼镜等。精神财富的创造是指创造的成果属于精神领域的东西，如一首新歌曲、一篇小说、一部新话剧、一幅绘画作品等。莫言创作的小说《红高粱》，张艺谋将其改编为电影，郑晓龙将其改编为电视剧，这些都属于精神财富的创造。社会组织的创造是指人类为特定目的，从社会宏观和微观等方面建立新的组织机构，如社会制度、公司规章制度等。

从创造过程的表现形式来看，可以将创造分为科学研究、技术发明和艺术创作等。科学研究一般是指在发现问题后，经过分析、推断找到可以解决问题的方案或方法，并利用科研实验和分析，对相关问题进行调查、研究、实验、分析等一系列活动，为创造发明新产品和新技术提供理论依据。其基本任务是探索、认识未知，科学上的创造也称为发现。2015 年，获得诺贝尔生理学或医学奖的屠呦呦，她从中医古籍中获得启发，在实验中不断改进提取方法，反复进行实验，最终发现中药青蒿的提取物有高效抑制疟原虫的成分。这一发现对抗疟疾新药青蒿素的发明起到了关键性作用。

【案例2-6】

190次失败之后，发现青蒿素

20 世纪 50 年代，由于疟原虫对奎宁类药物产生抗药性，疟疾的防治再度成为世界各国医药领域的研究课题。

1969 年，中国中医研究院承担起抗疟药的研究任务。屠呦呦带领课题组从系统搜集、整理历代医籍、本草及民间方药开始，在收集了两千余种方药的基础上，编写了以 640 方中药为主的《抗疟单验方集》。他们对其中的两百多种中药展开实验研究，历经多次失败后，他们运用现代医学手段和方法进行分析研究，并不断改进提取方法。1971 年，青蒿抗疟研究取得成功。然而，在最初的动物试验中，青蒿的效果并不尽如人意，研究也陷入了瓶颈，一度处于僵持状态。但屠呦呦没有放弃，她不断思索问题究竟出在哪里。她带领课题组成员再次回归历代本草医籍，在经典医籍中仔细查阅、反复搜寻。而葛洪《肘后备急方》中的几句话引起了屠呦呦的高度关注，"青蒿一握，以水二升渍，绞取汁，尽服之。"这句话醍醐灌顶，使屠呦呦立刻意识到问题可能出在常用的"水煎"法上，高温会破坏青蒿中的有效成分。她另辟蹊径，采用低沸点溶剂进行反复实验……2015 年 10 月 5 日，屠呦呦因在研制青蒿素等抗疟药方面的卓越贡献，与威廉·C·坎贝尔（William C. Campbell）、大村智(Satoshi ōmura）一同被诺奖委员会授予该年度诺贝尔生理学或医学奖，以表彰"三人发现针对一些最具毁灭性的寄生虫疾病具有革命性作用的疗法"，屠呦呦独享其中一半奖金。这是中国科学家首次在中国本土进行的科学研究而获得诺贝尔科学奖，也是中国医学界迄今为止所获得的最高奖项。

技术发明是指在人类技术领域的实践活动，包括新产品的研制和新方法的发明两种。例如，我国古代四大发明中的火药和指南针属于新产品的研制，造纸术和印刷术是新方法的发明。我国古代并非发明了纸和印刷机，而是发明了造纸的方法和印刷的方法。2009 年，诺贝尔物理学奖获奖者为英国华商科学家高锟，以及美国科学家威拉德·博伊尔（WillardS. Boyle）和乔治·史密斯（George Smith）。博伊尔和史密斯发明了半导体成像器件——电荷耦合器件（CCD）图像传感器，这是一种以电荷量表示信号大小、通过耦合方式传输信号的探测元件，具有自扫描、感受波谱范围宽、畸变小、体积小、重量轻、系统噪声低、功耗小、寿命长、可靠性高等优点，还可以做成集成度非常高的组合件。CCD 图像传感器就如同数码相机的电子眼一般，通过用电子捕获光线来取代以往的胶片成像，摄影技术得到进一步革新。此外，这一发明也推动了医学和天文学的发展，其在疾病诊断、人体透视，以及显微外科等领域被广泛应用。可见，技术发明与我们的生活更为贴近，能产生巨大的社会效益和经济效益。技术发明成果的表现形式是专利，在取得技术发明成果后应该申请专利，如国家发明专利、国际专利。

艺术创作是指艺术家运用特定的创作方法，通过对现实生活素材的理解、提炼和升华，塑造出艺术形象、创作出艺术作品的创新性劳动。例如，电视剧《功勋》《觉醒时代》，纪录片《大国崛起》《创新中国》等都是深受观众喜爱的艺术作品。

2.2.3 创意与创造、创新的关系

创意、创造与创新的关系有以下三个方面。第一，创意在创新过程中处于初始阶段，也就是策划、谋划、务虚的阶段。而创新更注重最终结果，如果一个创意不能创造价值，那它就是没有意义的。从实现方式来看，创意是原生态的创新，这时的创意常常是天马行空的，具有突发性、自由性、不确定性和不成熟性。因此，创意的结果和过程不一定能准确应用于社会，而创新包含一个研究和实践的过程。第二，创造和创新在实际生活中存在相互交叉的部分，创造包含创新，创新也包含创造。创造是包含在创新过程中，创新的本质在于创造。第三，创意与创造、创新在企业中的运用和联系更为紧密，具体表现在以下三个方面：第一，创意开发产生新思路、新设想，为企业提供好的思路和计划，为企业注入新的活力和动力；第二，在创意的指导下，通过实践创造产生结果；第三，企业最终由创新产生经济效益，创新不断发展壮大，进而不断推动企业朝着新的目标迈进。

创意、创造和创新三者关系紧密，相互融合，彼此之间难分你我。创造是创意的技术化成果体现，使其具备知识产权的属性。创新是创意与创造的商业化应用过程，并且在利润实现的结果中得以展现。有时创新是创意开发的直接商业化行为，但更多的时候，创新是作为拥有知识产权的创造所带来的积极成果。从过程及其先后顺序来看，创意开发仅仅是一个开端。创新起始于创意，创意对创新起着决定性作用，创意更多地侧重出发点，创新更注重结果，创新的本质就在于创造。

2.2.4 创业

1. 创业的内涵

在我国，"创业"这一词汇由来已久。最早见于《孟子·梁惠王下》，其中提到"君子创业重统，为可继也。若夫成功，则天也。"这里的"创业"意为"开创基业"。与之类似的表述还有《出师表》中的"先帝创业未半而中道崩殂"。在《辞海》中，对"创业"的解释为"创立基业"，这里的"基业"指的是事业的基础。而《现代汉语词典》中对"创业"的解释是"创办事业"，这里的"事业"是指人们所从事的具有一定目标、规模和系统且对社会发展有影响的经济活动。由此可见，创办事业是创业的本质。实际上，"创业"是与"守成"相对的概念。"守成"是指在事业上保持前人的成就，而创业创办事业。

一般而言，对创业的理解有广义和狭义之分。广义的创业指的是创造一番事业，狭义的创业是指创办一个企业。创业是创业者（个人或创业团队）通过寻找和把握各种商业机会，根据自身已有的知识、技能和社会资本等，调动并配置相关资源，创建新企业（公司），为社会（消费者）提供产品或服务的活动过程。这个过程具有一定的创新或创造性，并以增加财富为目的。

2. 创新与创业的关系

创新和创业之间的关系紧密融合，二者相互依存、相辅相成、难以割裂。创新是创业的基础，创业是创新的载体。对大学生创业来说，其更需要具备创新意识、创新思维、创新技能、创新品质和创新能力。只有这样，他们才能在激烈的竞争和严酷的市场环境中，开辟出创业之路。创新是创业者实现创业的核心要素。

3. 大学生创业精神的重要性

随着社会主义经济市场化与经济全球化的持续深入推进，人们的生产生活方式、社会关系、价值观念，以及文明形态发生深刻变革。社会迫切需要创新型人才，而大学生创业精神既是培养创新型人才所必备的，也是大学教育的重要任务之一。大学生的创业精神作为积极的思想观念与精神状态，对社会发展具有极为重要的推动作用。

　　创业作为经济发展的原动力，是繁荣经济的有效途径。通过创业能扩大就业，加快技术创新与科研成果转化，进而创造更多社会财富，推动社会经济发展，实现经济发展与扩大就业的良性互动。通过提供创业课程与实践机会，提升大学生的创新思维与解决问题的能力，邀请成功创业者到校交流经验，营造创业文化氛围，激发大学生的创业热情，提高他们的创造力与创新能力，为他们的未来开辟更广阔的发展空间。同时，培养大学生创业精神对经济发展、社会进步，以及个人职业发展具有重大意义。美国著名管理学家彼得·德克鲁（Peter F. Drucker)指出："创业就是要独树一帜，打破现有秩序，按照新要求重新组织。"因为"理论、价值，以及人类思维和双手创造出的所有东西都会老化、僵化……"。创业精神的核心归根结底是由创业活动的开拓性决定的，创业是一种创造性活动，其本身就是对现实的超越，即一种创新。因此，创业意味着创新，创新意味着突破，创业精神的培养过程就是培育创新型人才的过程。

　　大学生创业精神是大学生挖掘自身潜力、发挥更大作用的保障。具有创业精神的大学生必然拥有较强的环境适应能力。在人与环境的互动过程中，他们具备较强的创新思维能力，能进行预测与判断，并及时调整自己的目标与方案，以积极态度应对环境变化，保持协调统一。特别是在社会经济高速发展、知识技术不断更新换代、职业岗位频繁变换、人际关系错综复杂的情况下，大学生更应拥有良好的创业精神与自我调控能力，做到与时俱进，充分发挥自身潜能，促使事业更加成功。

【思考与练习】

　　1. 什么是创新？你认为创新除可以说成"做别人不做的事"外，还能换成什么简单明了的说法？把你想到的写下来，越多越好。

　　2. 亚马逊网站作为第一个开启电子商务大门的新商业模式，无疑可以称为创新，那么，后来的当当网，带有一定的借鉴和模仿性质，也可以称为创新吗？若是可以，那么，这两种创新又怎么区分呢？

3 创新的过程

课程目标：

1. 让学生了解创新的具体过程和创新能力。
2. 让学生了解创新的障碍，并通过思维训练掌握思维定势突破的方法。

主要内容：

1. 创新的过程和每个阶段的特点。
2. 思维定势的概念、分类。
3. 突破思维定势的方法。

【导入案例】

阿基米德测皇冠的故事

两千多年前，希腊希洛王期望在教堂向不朽之神敬献由纯金打造的皇冠。他给予工匠高额报酬，工匠也依规定期限完成了金冠制作。然而，有人告密称工匠偷取了部分金子并掺入其他金属，让人难以察觉。希洛王大为恼火，却找不到揭穿这个盗窃案的方法。

于是，希洛王召见阿基米德，让他设法鉴别工匠制作的皇冠是否为纯金所制。阿基米德接受任务后也是绞尽脑汁。

一日，阿基米德在沐浴的时候，无意间发现水从澡盆溢出，同时感觉身体在水中变轻。他猛然想到：盆中溢出的水的体积不恰好是身体浸入水中的部分体积吗？阿基米德思索，既然金子比重较大，那么在重量相同的情况下，其体积会较小，但若掺入其他金属，比重就会减小，体积增大，排出的水就会增多。那是否可以用这个方法鉴别皇冠真伪呢？阿基米德运用此方法鉴定出皇冠确实被掺假，解开了金冠之谜。在这之后，阿基米德继续钻研，并发现了著名的浮力定律，为现代造船技术奠定了基础。

从提出问题到解决问题，创新思维历经漫长的思维组织过程。一是发现问题的艰难性，在存有疑难的情景下引发思维的冲动；二是确定困难或难题，也就是明确困难的关键所在；三是提出解决问题的多种假设，以获取可能的解决办法或答案；四是进行联想并推理，看哪个假设能解决当前难题；五是通过观察、试验和证实来肯定或否定自己的判断。在实际经历中，有的阶段过程极短，甚至未被人察觉，而有的阶段过程可以合并。因此，创新的思维组织过程并非一成不变，应根据具体情况而变化。新观念和新假说的提出可能是瞬间之事，但要形成完整的解决方案，还需经历整理、修改、完善的逻辑加工过程，而这个过程通常较为漫长。

3.1　创新的阶段

我们研究创新的过程，是把过程看得比结果更为重要。1926年，美国心理学家G.华莱士（G. wallas）出版了《思想的艺术》，他在书中对创新性思维中的内部过程进行直观的解释，提出创新思维的四阶段理论，这四个阶段分别是准备、酝酿、顿悟和验证，如图3-1所示。

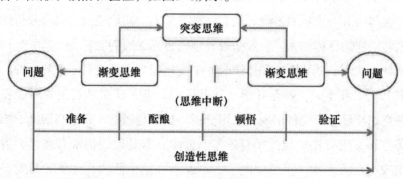

图3-1　创新思维四阶段理论

具体来说，创新的过程有以下阶段。

1.准备阶段——问题提出

在准备阶段，由于对要解决的问题存在诸多未知，所以需要搜集和整理资料，汲取他人的知识与经验，进而对问题形成新的认知，为创新活动的后续阶段做好准备。新思维的准备有着自身的活动规律，涵盖活动过程、活动方式及准备条件，也就是要明确哪些因素能促使创新思维活动正常且顺利地开展。创新思维的准备由个体的心理状态、创新意识、知识架构、外部环境等构成，创新思维需在一定的内外条件基础上才能被激发且正常进行。

人们在进行创新活动时，应先要提出有意义、有价值的问题。问题的深度决定着创新的意义与价值，引领着思维的方向。在提出问题后，进行调查与研究，搜集与问题相关的研究成果，并对搜集来的成果进行资料分析与信息识别，同时进行一些初步的试验，明确问题的特点，通过反复思考和尝试努力解决问题。

2. 酝酿阶段——问题求解

在酝酿阶段，对准备阶段所搜集的信息和资料进行消化吸收，并在此基础上找出问题的关键之处，以便考虑解决问题的各种策略。这个阶段的重点是对所获得的各种信息、资料进行研究分析，进而推断出问题的关键所在，并提出解决问题的假设方案。在酝酿过程中，要对积累的资料进行具体的分析和筛选，并对各种创新方案进行比较，对可能遇到的情况进行反复思考，以期得到一个明确的结果。创新的萌芽时期往往比较模糊，必须经过充分酝酿才能逐渐清晰起来。这个阶段可能确定创新设想，也可能进行部分修订，甚至会全部改变，这与已有的资料的多少、优劣，以及个人的知识经验、综合分析能力有关，也与创新的目标相关。一般来说，创新目标的独创性越高，其酝酿构思的难度就越大。酝酿在其性质和持续时间上变化很大，可能只需要几分钟，也可能需要几天、几个月，甚至几年。在此阶段，非逻辑思维与逻辑思维相互补充、潜意识与显意识交替出现，采用分析、抽象与概括、归纳与演绎、推理与判断等逻辑思维方法。经过反复思考、酝酿，有些问题仍未有理想的解决方案，出现一次或多次"思维中断"，创新者在这个阶段往往处于高度兴奋状态。这一状态可能是短暂的，也可能是漫长的，甚至进入停滞状态，等待灵感和突变思维的降临。酝酿阶段的思维强度较大，常常百思不得其解。此时，良好的意志品质和进取型性格是在酝酿阶段取得进展直至突破的心理保障。

3. 顿悟阶段——问题突破

顿悟阶段是突破问题的关键期，在此阶段能寻得问题的解决之法。通过前两个阶段的充分准备，创新思维已然步入相当成熟的状态。在解决问题的时候，常常会涌现出一种恍然大悟之感，此即为灵感。当人在思考问题时，大脑会持续进行创新性发展，直至豁然开朗的瞬间，那些经过酝酿的成熟思想如同泉水般喷涌而出，呈现在大脑意识层面，这便标志着进入了顿悟阶段。有人提及，在参与一些与特定工作毫无关联的活动时，可能会突然灵光乍现、豁然开朗，这便是顿悟现象。顿悟阶段极为短促且具有突发性，是创新思维的关键节点，灵感思维在此时具有决定性作用，全新的思想观念、方法，以及完整的解决方案皆在这个阶段提出。

4. 验证阶段——成果证明、验证

验证阶段是进行完善、充分论证与评价的时期。需对顿悟阶段所得结果进行整理、完善和论证，通过进一步充实以寻得更为合理的方案。创新思维的真正突破唯有经过此阶段才能取得创新成果。验证阶段包括理论验证与实践检验两方面。验证是一个否定 — 肯定 — 否定的循环过程，通过实践检验得出最为恰当的创新性思维过程。验证阶段运用的是逻辑思维方法，是有意识地进行操作。

对科学方面的新理论，其验证的主要方式为设计、观察或试验，检验由新假说推演出的新结论，通常验证时间较长。当创新性思维出现时，若未被察觉或未能及时采取行动，那这一创新性思维便毫无价值。因此，即便创新性思维看似古怪或脱离现实，也需对其抱有信心。例如，门捷列夫验证化学元素周期率耗费了十几年时间，哥白尼的日心说验证更是长达三百多年。对工程技术方面的创新，如新工艺、新技术、新产品等，检验的基本方法就是实践，主要考量其在实践中能否提升产品质量与生产效率，以及能否进行大规模推广并产生社会经济效益。

3.2 创新的能力

创新的能力是指在社会、经济、文化、思想和技术领域提出、形成和应用创新思维和创新成果的能力。创新能力包括以下5个方面。

（1）发现能力：发现新问题、新机遇、新现象和新规律的能力，包括观察、分析和思考的能力。

（2）创造能力：创新思维、创新方法和创新结果的具体形成能力。

（3）转化能力：将创新思维和创新成果转化为实际应用的能力，包括技术转化、应用转化、市场转化和管理转化等。

（4）传播能力：创新思维和创新成果的传播和推广能力，包括传播渠道、传播方式和传播效果等。

（5）适应能力：创新思维和创新成果与外部环境相适应的能力，包括外部环境的变化、创新思维和创新成果的改进和优化。

创新的能力是一个多元化、综合化的能力体系，它涉及多个领域和多个层面。创新的能力是企业竞争力和国家竞争力的核心要素，是人类社会发展的关键驱动力。

创造学认为，创新能力是人的一种潜在的自然属性，人的创新能力是可以被激发并转变为显性创新能力的，即人人都有创造力。

【案例3-1】

小菜一碟成大业

胡小平，作为一名安徽的农民，只有初中文化的他在城市打工时发现很多家庭对各种小菜的需求量很大，但商场里的各种小菜却很少。于是，他把居民们爱吃的各种小菜进行包装并统一配送。一段时间后，胡小平在南京成功注册了"小菜一碟"小菜配送公司，并建立了集散地，当年的销售额超过了1500万元，"小菜一碟"就这样获得了成功。

3.3　创新的障碍

人们在创新过程中可能遇到各种困难和阻碍，通过克服困难和障碍，人们可以提高自己的创新能力。创新的障碍主要来自思维定势，人们长期形成的思维方式和思维习惯，可能导致创新思维的局限性，对现有模式和流程的依赖，会对新方法和新思路产生抵触心理。

3.3.1　思维定势

思维定势，也称"惯性思维"，是指个体在面对问题时，在思维过程中，对某一特定的解题方式或结果有一定的偏好，进而形成一种预期，并在解题过程中自觉或不自觉地遵循这种预期。例如，在解决问题时，人们会倾向于寻找与该问题相关的以往经验，而不是寻找与该问题无关的经验。这种预期或偏好，常常被称为"思考的框架"，即思维定势。

思维定势是建立在一定的社会实践基础上的，人们通过不断的学习和实践积累会逐步形成自己的生活经验和独有的认知客观世界的模式，形成独特的思考和处理问题的习惯。因此思维定势具有明显的个体性。

思维定势，是指运用以往的经验，熟练、简洁、快速地处理问题，对解决人们经验范围内的常规性的问题具有积极的作用。可以帮助人们省去许多步骤，减少思考时间，提升效率。思维定势的这些作用也被称为定式效应。它能使人在客观事物和环境相对不变的情况下，对人和事物的认知更快速、更有效。例如，警察能很快辨别出哪些人可能是犯罪分子，并可以从蛛丝马迹中捕捉到作案人的很多情况，这正是思维定势的积极作用。但是，思维定势也会使人养成一种千篇一律、机械呆板解决问题的习惯，产生惰性思维，当遇到新旧问题相似但实质上存在差异时，思维定势会使人进入误区，影响创新性思维。

【案例3-2】

马戏团的大象

有一家马戏团发生了火灾，所幸人们及时逃出，没有伤亡。但是马戏团的大象却没有成功逃脱。马戏团老板怎么也想不通，为什么一条细绳和一根小木桩就能拴住一头力大无比的大象呢？

原来，大象在小时候就被铁链锁住了腿，并绑在了大树上。每次它想挣脱铁链的时候，它就会感到疼痛难受，它挣扎了无数次都没有成功逃脱，久而久之，它就形成了腿上有捆绑物就无法逃脱的这种思维定势。导致长大后的大象认为自己也无法挣脱绑在腿上的小绳子和小木桩。

以上案例可以看出，大象本来力大无穷，它可以轻松地将一棵树连根拔起，但由于大象小时候日复一日地逃脱失败使它从小就形成了无法摆脱腿上捆绑物的印象，不去尝试和突破。拴住大象的并不是绳索和木桩，而是"我不可能逃脱"的思维定势。

对超出日常经验范围的非常规问题，需要用新的思维与办法去创新性地解决，而思维定势会阻碍新思想、新观点、新技术、新形象的形成与传播，是一种障碍。有些问题解决不了，并不是它有多难，而是因为受限于思维定势。因此，创新思维的前提是突破思维定势。

3.3.2 思维定势的类型

习惯性思维是指当人们在思考问题时，会将问题与头脑中所贮存的知识、信息和经验之间建立起某种联系，这种联系每发生一次，都会使其得到巩固和加强，并最终形成一种习惯。习惯性思维使人们遇到相似的问题时，会自然而然地重复一模一样的思维套路，它严重阻碍了人们跳出固有的思维模式，限制了人们的创新性思维。思维定势是指在人脑中构建起来的固定的思维模式。这些思维模式的产生或许源于所接受的教育内容、自身的亲身经历或过往经验，也可能来自某些领域的权威人士或者大众群体。思维定势涵盖书本定式、权威定式、经验定式及从众定式等不同的类型。

1. 书本定式

书本定式是指人们在学习过程中，过于依赖书本知识和理论，而忽略实践和实际经验的重要性。这种思维定势可能导致人们在解决问题时，过于依赖书本上的知识和理论，而忽视了实际情况和具体环境。俗话说"尽信书，不如无书"，书本上的知识毕竟是前人知识和经验，随着时代发展变化，书本上的知识也会过时。当书本知识与客观实际情况出现差异时，倘若人们依旧局限于书本知识，便会形成一定的书本定式，进而失去获取创新成果的机会。

一方面，人们应学习书本中的知识，接受理论的指引；另一方面，也要警惕书本知识中可能存在的缺陷与错误对创新性思维造成的阻碍。诺贝尔物理学奖获得者、美国物理学家史蒂文·温伯格（Steven Weinberg）曾说过："不要安于书本上给你的答案，要去尝试下一步，尝试发现有什么与书本上不同的东西。这种素质可能比智力更重要，往往成为最好的学生与次好的学生的分水岭。"不盲目迷信于书本知识，善于不断学习新知识，勇于对已有的知识提出疑问，是一种可贵的求知探索精神，也是创新发明的萌芽。

【案例3-3】

蜜蜂并不是靠翅膀振动发声

一位叫聂利的12岁小学生用实验推翻了我国小学教材的生物学"常识"中"蜜蜂是靠翅膀振动发声"这一理论。聂利撰写了一篇《蜜蜂并不是靠翅膀振动发声》的论文，并获得了全国青少年"科技创新大赛"银奖和高士其科普专项奖。

为什么无数生物学家没有发现的问题被聂利发现了？大家从来没有怀疑过书本的理论被小学生推翻了？聂利的发现过程并不复杂：她在一次偶然中，发现翅膀不振动的蜜蜂仍然嗡嗡叫个不停，这和书本上讲得不一样。对此，她产生了好奇，她用放大镜仔细观察，并进行试验。在她的不懈努力下，她发现蜜蜂的发声器官并不是翅膀，而是蜜蜂的双翅根部两粒比油菜籽还小的黑点。

在许多重大科学发现中，发现过程也许并不曲折，关键在于发现者是否勇于向书本上的"定论"提出质疑，向权威提出挑战。读书要学会质疑，要独立思考有自己的判断。我们既要学习书本上的理论知识，接受理论指导，又要防止书本知识涵盖缺陷、错误或落后于现实的情况。

2. 权威定式

随着社会分工不断细化，一个人无法通晓所有事情。此时，便需要领域内的专家或权威来担任导师、顾问、领导及教练等角色。在一个尊崇知识、崇尚科学的社会中，权威理应得到人们的敬重。人类作为社会性动物，有人群之处就会有权威存在，人类的社会活动也离不开权威。权威固然重要，但权威定式也会成为创新思维的桎梏。

【案例3-4】

罗素的问题

英国哲学家伯特兰·阿瑟·威廉·罗素（Bertrand Arthur William Russell）

来到中国进行讲学。他登上讲台后在黑板上写下一个公式"2+2=?"，并提出问题："大家知道答案吗？"在场的学者都沉默不语，他们心想：罗素出的数学题肯定不会这么简单！罗素反复询问答案，可依旧是一片寂静。后来，罗素邀请一位学者回答，这位学者紧张地表示还没考虑出答案。罗素见状笑着说道："2＋2就是等于4嘛！"随后，他幽默地告诫学者：过度崇拜权威会使人陷入迷信，会束缚人的思想，扼杀人的智慧。

权威定式是一种思维方式，即相信权威人士的观点和建议，跟随或模仿权威人士。在这种思维定势下，很多人都会认为权威人士的观点或行为是正确的，并倾向于模仿或遵循他们的行为或观点。这种思维定势在一些领域中可能是有益的，尤其是科学、医学和法律等领域，权威专家的意见和指导往往可以帮助人们作出更好的决策。但在其他领域，如社会和政治领域，权威定式可能会导致人们对权力和控制的过度依赖，缺乏批判性思维。因此，在使用权威定式时，需要注意不要过度依赖权威观点，要具有独立思考的能力。我们应当既尊重权威，又不迷信权威，不受权威束缚。事实上，权威也是会犯错误的，如曾经有许多科学家预言飞机是不能上天的。

3. 经验定式

人们通常将在各种实践中获得和积累的感受、体验、认识统称为经验。我们生活在一个需要经验的世界里，从幼儿到成年，各种学习、生活和工作的经验都会悄无声息地进入我们的大脑。在日常生活工作中，丰富的经验能使人们在处理问题的过程中得心应手，经验是相对稳定的，人们对已有经验的过分依赖会形成一种固定的思维模式，即经验定式，它会削弱人们的想象力和创造力。我们都希望自己拥有丰富的经验，可以从容应对瞬息万变的现实，通过长时间的实践活动所取得和积累的经验，是值得重视和借鉴的。但受到经验定式的影响，也会使人墨守成规，不敢尝试冒险，失去创新能力。在《伊索寓言》中，"驮盐巴过河的驴子"的故事堪称经典案例。一头驴驮着两大包盐渡河，过河时因盐过重导致驴重心不稳倒在水里，它费了很大力气都无法起身，只能躺在水中。就在这时，驴感觉到背上的盐越来越轻，最后竟毫不费力地站了起来，它欣喜万分。后来又有一次，它驮着两大包棉花过河，行至河中央时，它忽然想起上次过河的经验，便故意躺下身去休息，以为棉花也会变轻。然而，棉花在吸饱水后，重量增加了许多，驴没有办法再站起来了。驴的悲剧就在于它没有辩证地将过去的经验运用到解决当前的问题之中。

经验具有较大的局限性。第一，有些经验只适用于某个范围、某个时期，具有时空的局限性，在其他范围、其他时期则并不适用；第二，主体的局限性，经验是人们对在实践活动中取得的感性认识的初步概括和总结，但很多经验只是某些表面现象的初步归纳，并没有充分反映出事物发展的本质和规律，在经验交流会和学术报告中的内容需要辩证地吸收和利用；第三，偶然的局限性，由于经验受外部条件的影响，无论是个人的经验还是集体的经验，一般都不可避免地具有只适用于某些场合和时间的局限性，有些经验貌似充分合理，实际上却是片面的，失之偏颇的，具有一定的偶然性。

4. 从众定式

从众定式，是指当个体受到群体的影响时，会怀疑并改变自己的观点、判断和行为，并和大多数人保持一致的一种心理效应。每个人或多或少都有从众心理，如在网上购物时，人们会倾向于选择销售额比较高、评价更好的商店；在购买服装时，人们会参考当季的流行趋势进行搭配；在选择餐厅时，人们也会倾向于选择顾客更多的餐厅。当没有特定的选择目标时，人们更愿意相信大多数人的选择是正确的，这种从众心理为人们提供了一种心理上的安全保障，使人们更轻松地作出决策。

【案例3-5】

牛仔裤大王

19 世纪 40 年代，美国加利福尼亚州惊现大量金矿，"淘金热"就此出现。众多先行者纷纷投身淘金行列，并在短时间内摇身一变成为百万富翁。

然而，淘金的劳作极为繁重，淘金者的衣物常常出现破损。因此，拥有一件耐穿的衣服成为淘金者迫切的需求。李维·斯特劳斯（Levi Strauss）察觉到了这一需求，他把结实耐磨的帆布裁剪成裤子售卖给那些淘金者，没想到大受追捧，结实耐用的牛仔裤由此应运而生。

倘若李维·斯特劳斯当时也跟其他人一样去淘金，那么"牛仔裤大王"的称号就不会落在他的头上了。

3.4 创新的突破

突破思维定势，必须掌握创新思维方法，通过创新实践活动培养自己的创新思维能力。以固定的思维模式分析和处理信息是大脑运作的自然状态，思维定势在人们处理日常事务时带来许多便利，我们并不需要时时、事事都去打破思维定势，只有在情况发生变化，固定的思维模式不能解决当前问题时，才需要去突破思维定式。

【案例3-6】

改变电扇的颜色

1952 年，日本某公司存有大量电扇滞销，为打开销路，公司七万多名职工绞尽脑汁，成效甚微。

有一天，一位小职员向董事长提议改变电扇颜色，将当时的黑色电扇改为浅色。这一富有创新性的建议立刻引起董事长石坂的高度重视，经过深入研究讨论，公司最终采纳了这个建议。第二年夏天，该公司推出一批浅蓝色电扇，在短短几个月便卖出了几十万台。

从思考方法的层面来看，这位小职员的可贵之处在于突破了"电扇只能漆成黑色"的思维定势，进行了创新思考。因此，无论是在创新思考的起始阶段，还是在其他某个环节，当思考陷入困境时，应检查是否是受到了某种思维定势的影响或束缚。

3.4.1 突破性思维

突破性思维是一种能获得创新思维和新发现的思维方式。它要求人们跳出常规，勇于尝试新方法、新想法，勇于承担风险。突破性思维应先思考"解决这一问题需要达到什么目的""这一目的背后有什么目的？"……围绕需达成的目的不断深入挖掘，直至找出超越现有问题直接目的的深层目的为止。随后，从最大、最深目的开始收敛，逐步确定出能达到的目标。这种思维模式是"先展开、后整合"，这一过程将发散思维与收敛思维相结合并加以运用，既避免了"就问题论问题"的思维的局限性，使问题的解决与整体的、长远的目标联系在一起，又不只停留在远大的目前难以达到的理想中，而是在现实中实实在在地解决问题，实现目标。

3.4.2 转换思维视角

视角就是观看、观察的角度，指看事物或思考问题的角度、层面、路线或立场。转换思维视角是突破思维定势的关键，人们将思维开始的切入点称为思维视角，对同一事物用不同的视角进行思考，其结果是截然不同的。思维定势抑制着人们的思考，使人们的创造力难以得到进一步的提高，要提高创造力，就应该从多种视角思考同一个问题，如换个位置和思路，突破思维定势。

1. 多角度思考

在通常情况下，按照常理和常规进行思考是大多数人面对问题的思考方式，按照事物发生的时间、空间顺序去思考，很容易找到切入点，提高解决问题的效率。但实际上，客观事物本身是复杂多变的，如果万事都是顺着想是不可能完全揭示事物内部的矛盾，发现客观事物规律的，当顺着想不能很好地解决问题时，应进行多视角思考。

【案例3-7】

戴帽子看电影

在印度的一家电影院中，众多妇女戴着帽子观看电影。戴帽子会遮挡后面观众的视线，影响后面观众观影。有人提议，希望电影院发布通告禁止妇女在看电影时戴帽子。电影院经理却表示："我认为只有允许她们戴帽子才能解决问题。"众人皆困惑不解。

次日，电影开场前，电影院的银幕上出现了这样一则通告：本院允许年老体弱、患病的妇女照常戴帽子，在放映电影时可以不必摘下。此时，所有妇女不约而同地摘下了帽子。

通过上述案例我们明确，当面临问题时，我们可以转换思维，跳到事物中矛盾一方的对立面去思考。由于对立的双方既相互对立又相互统一，倘若改变这一方无法解决问题，那么可以尝试改变另一方，使问题能迅速得到解决。

【案例3-8】

熊田长吉改进锅炉

日本科学家熊田长吉在进行锅炉改造研究工作时遭遇诸多问题。起初，他主要思索如何在炉内加热以提升热效率，然而成效甚微。后来，他通过不断地观察与不断思考，意识到冷与热是对立的，不能仅考虑加热水管使热水上升，而忽视冷水的下降，会造成冷热水循环不畅，进而导致热效率低下。于是，他将热水管加粗，并在粗管内安装一根促使冷水下降的细管。当粗管内的热水上升、细管里的冷水下降时，水流和蒸汽的循环不断加速，最终使热效率得到了极大地提高。

可见，换一个角度思考，问题就截然不同了。突破思维定势还可以改变思考者的位置，思考者从其他的角度思考问题，就是换位思考。

【案例3-9】

盲人提灯笼

夜晚，人们总会看到一个盲人提着一盏用于照明的灯笼在走夜路，他们感到十分好奇，便询问他："你的眼睛看不见，为何还要提着灯笼呢？"盲人回答道："我提着灯笼，能为他人照亮道路，同时也能让他人看到我，这样就不会撞到我了，这样既保护了自己，又帮助了他人。"

2. 进行问题转换

生活中的问题是多样化的，问题之间相互联系。对难以解决的问题，不如转变问题，将生疏的问题转换成熟悉的问题，将复杂问题的转化为简单问题，将不能办到的事情转化为可以办到的事情。例如，在"曹冲称象"中，曹冲把"称大象"这一复杂问题变成了"称石头"这一简单的问题，并将问题顺利解决。

人们在面对从未接触过的问题时，可能会无从下手。此时，人们可以尝试将其转换为自己熟悉的问题，产生新的思考视角，找到问题切入点，进而促使创新成果的诞生。

【案例3-10】

钢筋混凝土的发明

19世纪末，法国园艺学家约瑟夫·莫尼尔发明了一种新型建筑材料，即钢筋混凝土。最初，莫尼尔只是希望设计出牢固结实的花坛，但他对建筑材料和结构等方面全然不懂。经过不断地思考，莫尼尔发现自己对植物结构极为熟悉。他转换思想，将花坛的构造转换为植物的根系形态，把土壤转换为水泥。植物根系盘根错节，与土壤紧密结合。再把根系转换为一根根钢筋，用水泥包裹住钢筋，如此便如同植物根系一般。就这样，新型花坛诞生了。莫尼尔把从未接触过的问题转换为自己熟悉的问题，进而创造新的成果，解决了难题。

3. 直接变为间接

从直接变为间接需要思维的转换和表达方式的改变，在面对比较复杂困难的问题或者无法直接解决的问题时，应转换视角，或退一步进行思考，采取迂回路线，对问题进行重新描述，使用间接的语言或方式来描述问题。例如，将一个复杂的问题分解为若干个简单的小问题，并先设置一个相对简单的问题作为铺垫，为最终实现的目的奠定基础。

【案例3-11】

灯泡的容量

在一次实验中，托马斯·爱迪生想要知道灯泡的容量，他便让助手去测量一个玻璃灯泡的容量。然而，过了很长时间，助手都未能测出灯泡的容量。爱迪生来到实验室，看到助手仍在忙碌地演算着，桌上堆满了演算用的稿纸，便询问他在做什么。助手回答道："我用软尺测量了灯泡的周长、斜度，现在正在用复杂的公式进行计算。"爱迪生哈哈大笑，他将灯泡灌满水，并对助手说："把灯泡里的水倒在量杯里，这样就能知道灯泡的容量了。"

在学习和生活中，突破思维定势必须掌握创新性思维与方法，通过创新实践活动培养自己的创新思维能力。突破思维定势必须对周围的事物时刻保持好奇心，尝试从不同的角度和层面去思考问题，勇于尝试新方法，学习新知识和技能，积累经验，提高自己的认识能力和实践能力。同时，在解决问题的过程中，对思维过程和方法进行反思和总结。突破思维定势是一个需要时间和努力的过程，在尝试新方法和新想法时，需要保持耐心和毅力，不断尝试和改进。

【思考与练习】

1. 桌子上有一瓶酒，请问不拔开瓶塞就可以喝到酒的方法有哪些？（注意：在瓶塞上钻孔或者打破瓶子都不行。）

2. 在一条河边停着一只小船，周围荒无人烟。这时，来了两个人，他们都想坐船过河，但是小船只能容纳一个人，两人不断思考，最终两个人都坐上了这只船过了河。你知道他们采用了什么方法？

3. 什么是思维定势？请结合生活中的实例说明常见的思维定势有哪些？

4 创新思维

教学目标:

1. 引导学生理解创新思维,初步养成常规思维—批判性思维—创新性思维的递进思考的能力。

2. 培养学生各种方向性思维的意识及提高学生各种方向性思维的能力。

3. 通过创新实践活动提高学生的创新思维及团队协作能力。

教学内容:

1. 理解创新思维内涵及特征。

2. 了解逻辑思维与批判性思维、发散思维与收敛思维、直觉思维与灵感思维、纵向思维与横向思维、两面神思维、想象思维与联想思维的含义及特点。

3. 通过创新思维案例分析,开展创新思维活动。

【导入案例】

《灰姑娘》故事

教师先邀请一位学生上台为大家讲述灰姑娘的故事。学生讲完后,教师向其表示感谢。随后,教师开始向全班学生提问。

教师问道:"你们喜欢故事里的哪个人物?不喜欢哪一个呢?为什么?"

学生回答:"我喜欢辛德瑞拉(灰姑娘)和王子,不喜欢她的后妈和后妈带来的姐姐。因为辛德瑞拉善良可爱,而那位漂亮的后妈和姐姐心地不好,对辛德瑞拉很苛刻。"

教师又说:"同学们,再思考一下,如果辛德瑞拉在午夜 12 点还没来得及跳上她的南瓜马车,会出现什么情况呢?"

学生回应:"如果那样,她就会变回原来的样子,穿着又脏又旧的衣服。那可就糟糕了。"

教师总结道:"所以,同学们一定要做诚信、守时的人,否则可能给自己和他人带来很多麻烦。"

教师接着提问:"同学们,我们再思考一个问题:辛德瑞拉的后妈不让她去参加王子的舞会,甚至把门锁起来了,可她最后为什么能去,还成为舞会上最漂亮最可爱的姑娘呢?"

学生回答:"因为她得到了仙女的帮助,仙女给了她漂亮的衣服,把南瓜变成马车,还把狗和老鼠变成了她的仆人。"

教师追问:"对,你们说得很好!那我们再想想,如果辛德瑞拉没有仙女的帮助,她是不是就不能去参加舞会了?"

学生肯定地说:"是的!"

教师继续问:"如果狗、老鼠都不愿意帮助她,她在最后时刻能成功跑回家吗?"

学生回答:"她不仅不能在最后时刻成功跑回家,还会变回原来的样子,会把王子吓到。"(全班大笑)

教师强调:"虽然辛德瑞拉有仙女的帮助,但光有仙女的帮助还不够,还需要朋友的帮助。同学们再思考一下,如果辛德瑞拉因为后妈不让她参加舞会就不去努力争取,放弃参加舞会的机会,她还可能成为王子的新娘吗?"

学生回答:"不会!如果她放弃参加舞会的机会,就不会遇到王子,更不会与王子相爱,当然也就不可能成为王子的新娘。"

教师最后问道:"最后一个问题,同学们认真想一想:这个故事有不合理的地方吗?是什么?"

学生思考了好一会儿后说:"故事告诉我们午夜 12 点以后,所有的东西都要变回原样,可是,辛德瑞拉的漂亮水晶鞋却没有变回去。"

教师惊叹道:"天哪,你们真太棒了!你们看,即使是伟大的作家有时候也会出错哟!所以,出错并不可怕。我想,如果你们当中将来谁成为作家,一定比这个作家更出色！"学生欢呼雀跃。

教师从全新的角度讲解传统的灰姑娘故事，启发学生独立思考、主动思考，培养学生批判性倾听、批判性思维和批判性阅读的能力。

4.1 创新思维及其特点

4.1.1 认识思维

简单来讲，思维可以理解为思考与思索的行为表现，它是大脑皮层为达成某项任务而展开的一种活动。"思"意味着去想，"维"代表着维度和秩序。思维其实是人们的大脑在解决特定问题时进行的具有不同维度且有一定秩序的思考过程。而不同维度和秩序，正是人们平日里所提及的思维方式。例如，有的人在面对问题时会从实际情况出发，逐步进行分析，这属于一种较为有条理的思维方式；而有的人可能会突发奇想，从各种奇特的角度去思考，这便是另一种不同的思维方式。不同的思维方式会使人们在解决问题时产生不同的方法和结果。构成思维的三个基本要素是智力、知识和才能。

智力：智力是指人们认识和理解客观事物，并且运用知识、经验等来解决问题的一种能力。其中涵盖了记忆、观察、想象、分析、思考及判断等多个方面。智力的形成既受基因的影响，也与幼年期的后天环境及教育密切相关，是天赋与后天教育的融合统一。但后天教育在决定智力高低方面发挥着更为关键的作用。智力主要在观察力、注意力和记忆力等方面有所体现。

知识：知识是经由学习，以及社会实践所获得的对事物的认知，主要包括科学文化、社会经验等内容。例如，通过学习知晓太阳系、银河系等天文知识；通过实践掌握基本的为人处世经验，进而能准确地作出判断。

才能："才"可以理解为"准备好但尚未被运用的（知识、经验等）"，"能"表示"能力"。"才能"是指一个人已经拥有但尚未展现出来的知识、经验、体力和智力。倘若给有才能的人提供一个可以发挥才能的平台，那么他就能充分展现自己的知识、经验、体力和智力。

思维属于一种能力，是先天条件与后天培养、学习过程与实践经历相融合的综合性能力表现。从思维的三个要素当中能明晰它们之间的关联：一是具备学习的基础前提，即拥有一定程度的智力水平；二是，要持有一定量的知识和经验；三是，要知晓怎样去运用这些知识与经验。这三个要素相互结合共同组成思维能力。能力是顺利开展某种活动，以及左右事物发展的客观条件，一个人的能力越强，那么他对事物发展所能起到的作用及产生的影响就会越大。

4.1.2　创新思维的内涵与特点

1. 创新思维的内涵

创新思维是指打破固有的思维模式，从新的角度出发，用新的方式去思考，得出不一样的且具有创新性结论的思维模式。具体来说，创新思维是用新颖且独特的思维方式，对已有信息进行收集、加工、整理、改造、重组和迁移，由此获得更有效、更具有创意的思维活动和方法。从这个概念中可以看出，创新思维是一个相对的概念，是相对于常规思维而言的。

思维是人脑对客观事物的本质属性及内在联系的概括的、间接的反映。而创新思维是人脑对客观事物未知成分进行探索的活动，是一种有创见的思维，是人脑发现并提出新问题，设计新方法、开创新途径、解决新问题的活动。

创新思维是指以新颖独创的方法解决问题的思维过程。借助这种思维能冲破常规思维的界限，以超乎常规甚至反常规的方法和视角去思考问题，提出与众不同的解决方案，从而产生新颖的、独到的、有社会意义的思维成果。从哲学层面来讲，创新思维是人类大脑最为高级的思维进程，是对传统思维方式的辩证统一，是在表象、概念的基础之上进行分析、归纳、判断、推理等认识活动的过程。相较于动物，人类在眼睛敏锐度上不如鹰、游泳能力上不如鱼、夜视能力上不如猫、嗅觉灵敏程度上不如狗。然而，人类的神奇力量并非源于肢体、器官，而是源自人类大脑所独具的创新思维能力。思维是人类区别于其他动物的最根本的特征。恩格斯赞誉道："思维是地球上最为美丽的花朵。"而创新性思维更是人类所特有的最为高级、最为复杂的精神活动，是"地球上最美丽的花朵"中的奇珍异宝。千百年来，人类凭借创新性思维持续不断地认识世界和利用世界，创造出了难以计数的物质文明和精神文明成果。

2. 创新思维的特点

创新思维也被称作"独创思维"或者"反常思维"，其目的在于挣脱固有思维（常规思维）的束缚，是一种非传统的、独特的思维方式。简而言之，创新思维就是去思考一般人没有想到的事情，去做过去从未实现过的事情。邓小平同志提出的"一国两制"构想等，皆是创新思维的卓越成果，是创新思维的经典实例。

常规思维之所以冠以"常规"二字，是因为其主要特点是习惯性、单向性和逻辑性。而创新思维实现创新活动是从感性认识到理性思考的跨越，把创新意识的感性愿望提升到理性的探索上，具有多向性、非定式性和非逻辑性的基本特点。

多向性表现在遇到问题时，能从多角度、多因素、多路径方面去思考问题、解决问题，不会一味地进行单向探索。多向性是创新者在进行创新思考时经常使用的方法，也是非常容易见到成效的一种创新思维方式。通过多向思维能将表面上看来互不相关，甚至毫不相干的事物联系起来，进而达到创新的目的，这就是人们常说的由此及彼、由表及里、举一反三、触类旁通等。

非定式性表现为思维的开放性而非惯性。例如，汤圆的大小除可以是乒乓球大小外，还可以是弹球大小的，汤圆的形状除可以是圆的，也可以是方的；汤圆的颜色除是白色的外，还可以是其他颜色的。事实上，超过九成的人在行动时都是基于思维定式进行思考所产生的结果。换句话说，这种思维习惯在一定程度上能成为人们良好的"助手"，助力人们养成正确的行为习惯，但同时也有可能阻碍人们发散思维，使人们的思维陷入陷阱之中。创新思维在创新活动的过程中，特别是在初期阶段，其具有显著的非定式性特征。人们对司空见惯的现象，以及已有的权威结论往往怀有盲从或者迷信的心理，这种心理状态使人们很难进行创新。而非定式性是用怀疑和批判的态度对待所有的事物和现象，不受限于常规，也不会轻易相信权威。创新思维是一种创造性的思维，它并非简单地重复以往人们的思维过程，而是以"新、独、特""标新立异"作为其本质特性。

非逻辑性是创新思维与常规思维的重要差别所在。总体而言，创新思维常常超出常人的思想范畴，不符合一般的逻辑，有些甚至不被主流思维所接纳。纵观历史，无论是在政治方面（如各种变法、新政等），还是在科学领域（如各种学说、观点等），创新思维都是经过多年之后才被普遍接受，或者在后来才被后人证明其具有合理性和先进性。例如，乔尔丹诺·布鲁诺（Giordano Bruno）因为反对地心说而被活活烧死；19 世纪，在开始建造火车铁轨的时候，有人发出警告说，当火车车速超过 50 公里每小时，人的鼻子就会出血，当火车通过隧道时，由于缺乏氧气，人们就会窒息；1903 年，莱特兄弟研制的飞机即将上天之际，科学家西门纽堪伯却发表声明称人类要飞行是不可能实现的，但莱特兄弟研制的飞机最终成功上天；1957 年，英国皇家天文学家哈若斯宾对第一颗人造卫星发表评论说人类登陆月球是下一代才会发生的事情，即使成功登陆，生还的机会也极为渺茫。

4.2 逻辑思维与批判性思维

4.2.1 逻辑思维

1.逻辑思维的定义

逻辑思维是指人们在认识事物的过程中借助概念、判断、推理等思维形式，能动地反映客观现实的理性认识历程，也被称作理论思维。唯有通过逻辑思维，人们在认识客观事物时才能把握住具体对象的本质规律。逻辑思维是人们认识的高级阶段，即理性认识的阶段。

逻辑思维是人脑对客观事物进行间接概括的反映，它凭借科学的抽象来揭示事物的本质，具有自觉性、过程性、间接性以及必然性等特点。逻辑思维与形象思维有所不同，它以抽象为显著特点，并且通过对感性材料的理解、分析和思考，抛开事物的具体形象与个别属性，揭示物质的本质特征，形成概念，再运用概念进行判断和推理，从而概括地、间接地反映现实。社会实践是逻辑思维得以形成和发展的基础，社会实践的需求决定了人们从哪个方面去把握事物的本质、确定逻辑思维的任务与方向，实践的发展也促使逻辑思维逐步深化和发展。

2.逻辑思维方法

逻辑思维方法是在概念的基础之上展开判断、进行推理的思维方式，属于人类思维的一种基本方法，是思维的活动程序与格式，同时也是人们获取间接性知识或者探寻新知识的逻辑工具。知晓常用的逻辑思维方法，是人们进行逻辑思维的基本前提条件。

常用的逻辑思维方法有哪些呢？逻辑思维方法是一个有机整体，它由一系列既相互区分又相互联系的方法所构成，主要有演绎推理法、归纳推理法、实验法、证伪法、比较研究法、分析与综合法、从具体到抽象及从抽象上升到具体的方法、逻辑与历史统一的方法，等等。

【案例4-1】

福尔摩斯探案片段

福尔摩斯曾言：起初，我步行朝着那座房子走去，先查看了大路，路上存有马车的痕迹……我进行了一番询问，得知夜里确实有马车出现。轮距颇为狭窄，这表明是出租马车而非私人马车，毕竟伦敦的出租马车比私人马车的轮距要窄，此为我所获得的第一点认知；随后，我沿着花园中的小路往里行进，那里的土质十分黏腻，极为适合检查脚印。在您看来那或许只是些杂乱的泥浆，但对于我这双经受过专业训练的眼睛而言，每一道痕迹都有着特定的意义。

在侦探学当中，最为容易被忽略同时也最为重要的便是追踪脚印，幸运的是我一向对这一点高度重视。由于屡试不爽，这几乎成为我天性的一部分。

那里有警察沉重的脚印，夹杂在其中的是另外两个人的脚印；并且这两个人是先来的，因为在某些地方这两个脚印之上又叠加了许多其他脚印。如此一来，我便有了第二个印象，夜里来到此处的是两个人，一个人个子很高（从步距当中能够得出这个结论），而另外一个穿着很时尚（从其鞋底精致的花纹能够得出此结论）。

进入屋内，刚才的推理便得到了部分验证，那个躺在地上的人穿着精致的皮靴。倘若凶杀成立的话，那么那个高个子便是凶手！

血迹与他的脚印的方向是一致的。激动时流鼻血的人并不占多数，有这种情况的人一般血液旺盛。这样我就得出了凶手是个健壮的红脸男人的结论，后来的事实证明我的这一结论是正确的。

从这个简短的故事里，我们能够看到福尔摩斯通过观察马车的痕迹推断出马车是出租马车，通过对脚印，以及步距进行分析推理出有两个人，并且一个人个子很高，从鞋底精致的花纹推理出一个人穿着很时髦，最后通过综合分析、比较、推理、判断，得出凶手是个健壮的红脸男人的结论。

4.2.2　批判性思维

1. 批判性思维的定义

批判性思维是"critical thinking"的直接翻译，也可称作批判思考或者批判性思考。在英语里，"critical thinking"指的是充满怀疑、善于辨析、能够推断、反应敏捷、富有机智且严格的日常思维方式，即审慎地运用推理去判定一个断言的真实性。当人们对某个创意的好坏进行分析和判断时，就需要运用批判性思维。批判性思维不是指断言本身的真假，也不是否定性思维，而是针对需要判断的断言进行评估。在当今社会，批判性思维已被广泛确立为教育（尤其是高等教育）的重要目标。

人们普遍认为，批判性思维是一项关键技能，应当应用于学习和研究的各个方面。作为一名大学生，需要能对在写作中要用到的资料和信息进行批判性思考。在阅读他人作品时，需要能提出一些批判性问题。写作应当显示出自己有能力权衡不同的论点和观点，并利用证据形成自己的观点、论点和理论。批判性思维是用开放的思维从正反两面进行学习。

2. 批判性思维特点

批判性思维具有三个特点：独立思考、反思质疑思考和开放兼容精神。

独立思考是在发现、探寻、拒绝一种观念充分发挥理性的自主，是批判性思维的最低要求。它不在于提出什么样的主张，而是在于是否能找到证据，并对证据进行推敲、审验和评估。

德国著名哲学家阿图尔·叔本华（Arthur Schopenhauer）说："独立思考比读书更重要。" 独立思考，就是本着从实际出发，尊重事实，对任何事情都要问一个为什么，并理性思考它是否合乎实际，是否真有道理，绝对不能盲从。这里的"独立"，是指自己独自完成而不是跟风，要用自己的眼光观察事物，用自己的头脑思考问题，自己判断是非曲直，辨别美丑善恶，并提出符合实际的见解。

反思质疑的思考是对思考本身的再思考，是批判性思维的基本要求。反思不是重复思考，而是将思考对象从原事物转移到已经形成的观点上，并对这个"观点"及其"推导过程"进行反复推敲、审验和评估，核查前一次思考过程可能存在的偏见、妄念等缺陷。质疑则是对观念的真理性或者行动方案等的合理性持有疑问，并非情感性的怀疑，也并非重复思考。质疑就是"提出问题"，是反思能进行的动力。波兰天文学家尼古拉·哥白尼（Nicolaus Copernicus）凭借其在临终前出版的不朽名著《天体运行论》，成为西方近代早期"日心说"的重要复兴者。然而在那个时期，人们所信奉的是 1500 多年前希腊科学家克罗狄斯·托勒密（Claudius Ptolemaeus）创立的宇宙模式。托勒密主张地球是宇宙的中心且静止不动，日、月、行星和恒星均围绕地球运转。而哥白尼对"地心说"提出了质疑，剖析了"地心说"存在的问题，进而才有了"日心说"的诞生。1921 年诺贝尔物理学奖得主爱因斯坦，因其对理论物理的卓越贡献，特别是发现了光电效应的原理，这一发现为量子理论的建立迈出了关键的一步。正是由于他对牛顿力学提出质疑，找出了牛顿力学的局限性，才引发了他对"相对论"的思索。

【案例4-2】

爱因斯坦的问题

空间指的是什么？时间又代表着什么？

这两个概念看上去似乎为人人所熟知，且显得极为普遍。在经典力学当中，牛顿早已作出明确的阐释：空间和时间的本质被认为与任何物体及运动毫无关系，存在着绝对空间和绝对时间。然而，物理学家爱因斯坦却觉得时间与空间是相互关联的，提出相对时空观，这与经典力学的绝对时空观截然不同。有一次，爱因斯坦意味深长地说道："空间、时间是什么，别人在很小的时候就已经弄清楚了，而我智力发育迟缓，长大后还没有搞明白，于是一直琢磨这个问题，结果也就比别人钻研得更深入一些。"正是因为爱因斯坦深刻地思考了一般人看来不存在问题的"问题"，才促使他提出了相对时空观。爱因斯坦对许多问题有着自己独特的见解，在中学时期，他常常思索这样一个问题：假如光的接收器——眼睛，跟随着光的后面，以光速飞奔，会出现什么情况呢。对此，他进行了种种设想，却未能找到答案。实际上，在他这个奇特的想法当中，已经孕育了相对论的萌芽。有人曾说：准确地发现和提出问题就相当于问题解决了一半。

开放兼容的精神就是拓宽视野，打破局限，从多个维度进行思考，尽可能减少视野中的盲点，摆脱以自我为中心的"我的更好"这种观念，突破立场、利益、好恶的束缚。兼容是在多元价值观下的海纳百川，意味着能够将不同角度、立场及认知方式下的观念、思想、活动意识等都容纳进来。对事物的众多观点或判断，只有在兼容之后，才能更好地评判它们的正确与否，从而决定选择继承发展，还是进行修正优化。开放兼容的精神，意味着人们在认识一件事物的时候，不能故步自封，对与自己不同或者相反的观点或判断置之不理，只有先敞开自己的心扉，才能够从更多的角度、立场，以及认知方式去对同一事物进行观察；要意识到，每一种观点或判断都有它的"合理性"。人们只有将它们兼收并蓄，才能够心平气和、思路清晰、逻辑严谨地对它们进行批判性的理解，进而全面、客观、理性地认识该事物，这也是批判性思维的精神核心所在。

4.3 发散思维与收敛思维

4.3.1 发散思维

1. 发散思维的定义

发散思维也被称作扩散思维、放射思维、辐射思维或求异思维，是人的大脑在进行思维活动时所呈现出的一种扩散状态的思维模式。其表现为思维具有多视角、多维度的特点，进而使思维视野十分广阔，呈现出多维度的发散状，就像一题有多种解法、一事可以多种写法、一物能有多种用途等方式。它的本质在于针对同一问题从不同的视角、不同的方向、不同的层次，以及不同的维度进行探索，以此来找到新的发现、新的思路，以及新的方案的过程。

发散思维方式是美国心理学家乔伊·保罗·吉尔福特（J.P.Guilford）在《人类智力的本质》这本书里提出来的。众多心理学家认为，发散思维能力是测定创造力的主要标志之一。

在生活当中，我们常常能够察觉到，有很多人的思维呈现出跳跃性，跨度较大，他们能够无拘无束地去思考问题。然而，另外一些人却缺乏思维的广度，思维无法发散开来，总是在一个小范围内转来转去，怎么也无法打开思路，发散思维。倘若我们想要突破自身的惯性思维，就需要有意识地运用发散思维，尝试着拓展思维的广度和维度，拓宽自己的视野，这样就有可能会产生新的发现和创意。我们应用不同的眼光去审视同一事物，只要视角是新的，那么这个事物也就变成新的了。由此，思维惯性因发散思维而被突破，生活因发散思维而丰富多彩，社会因发散思维而不断进步。

2. 发散思维的特点

每个人发散思维能力的强弱在一定程度上对其创新、创造能力的强弱起着决定作用。总体而言，发散思维具备以下三个特点：流畅性、灵活性、独特性。

流畅性是指在面对一个问题时能够产生大量想法或者多个解决方案的能力。有两个标准可以较为容易地测量流畅性，即时间及创意的数量。流畅性体现了搜索以往知识，尽可能多地推导出这个问题解决方案的能力。例如，在画圈游戏中，参与者被要求用有意义的形状填充 20 个圆圈，完成任务的速度越快，就表明其思维能力越流畅。

灵活性能使发散思维沿着不同的方向或者方面扩散，呈现出极为丰富的多样性、多面性。灵活性是指人们突破头脑中某种固有的思维模式或者框架，并按照不同的、全新的方向和方法思考问题的过程。与流畅性类似，要利用自己的记忆和知识，仔细筛选与之相关的所有内容（如画圈游戏中的圆形或球形），在想出许多创意的同时，每个创意都要与其他创意有所不同。

独特性是指超越固定的、习惯的认知方式，以前所未有的新视角、新观点、新思路、新方法去认识事物，并提出不为一般人所拥有的、超乎寻常的、独到的新观念、新思路、新方法、新设计等。它更多地展现了发散思维的本质，是发散思维的最高层次。例如，认为红砖可以当尺子、当画笔、雕刻成艺术品等想法就属于独特性思维。

【案例4-3】

核桃去壳

河北某公司作为核桃深加工企业,生产琥珀核桃仁罐头并远销日本。然而,因核桃去壳加工过程中偶尔出现硬壳残渣,遭到了日本商家的退货与索赔。于是,围绕"怎样才能做到核桃加工能顺利去壳且不留残渣"这一问题展开了讨论,下面我们来看看如何运用扩散思维提出解决方案。

提示:在阅读的同时也一起思考这个问题,去除核桃硬壳的方法究竟有哪些呢?把想到的方法随手记录下来,看看你能想到多少种。

思路一:从核桃的外部进行去壳加工。例如,采用砸、挤、火烧、滚压、撞击、化学腐蚀等方式。

思路二:从核桃的内部进行去壳加工。当人们思考如何从内部进行去壳加工时,有人开玩笑说:"这核桃真让人讨厌,要是核桃能像草籽一样,长熟了就爆开,壳和仁完全分开,我们只管捡核桃仁就好了,那该多棒啊!"虽然大家觉得这是句玩笑话并哄堂大笑,但这个想法并无错误,使人的思路瞬间向另一个方向发散,引发了依靠核桃内部力量去壳的思路。但问题也随之而来,核桃本身没有这种力量,需要我们将力量加进去。那么,如何从核桃的内部加入力量呢?

思路三:从根本上解决问题。对核桃品种进行改良,研制出新品种,使其长成薄壳、软壳或干脆无壳的核桃。这样的话,核桃长熟后自己爆开不是更好吗?

如图4-1所示,是河北某公司生产的薄皮核桃,获第十七届发明展银奖。

图4-1 河北某公司生产的薄皮核桃

还有思路四、思路五……

发散思维要求人们针对一个问题，尽可能多地提出解决方案，追求数量多、创新性强、与众不同、独具匠心、前所未有的方案，不管这些方案是否可行，允许"标新立异""异想天开"。扩散思维既不设定方向，也不划定范围，不被传统所束缚，不墨守成规，鼓励人们从已知的领域去探索未知的世界。

发散思维使人们的思维从单向思考转变为多向或者立体思考。就创新、创造来说，人与人之间创新能力的差异往往体现在发散思维能力方面。

4.3.2　收敛思维

1. 收敛思维的定义

收敛思维是在发散思维的基础之上，把所获取的众多信息、思路或者方案进行再次组织，促使其最终形成一个最为理想的答案、结论或者最佳的解决方案。

一般来讲，收敛思维是针对发散思维所提出的众多设想进行分析、整理、选择、吸收、归纳，并从其中找出最具可能性、最有效、最有价值的设想，对其加以深化和完善，在把方案具体化、现实化的基础上，充分吸收其余设想的精华，从而获得一个最佳的可行方案。在中国有句古话叫作"多谋善断"，这里面的"多谋"指的就是发散思维，而"善断"指的是收敛思维。

2. 收敛思维的特点

收敛思维具有三个特点，分别是唯　性、逻辑性、比较性。

唯一性是指收敛思维所选取的方案（方法）是独一无二的，绝对不允许存在含糊不清或者模棱两可的情况。一旦选择出现失误，就很有可能造成无法弥补的损失。尽管解决问题存在各种各样的方法和方案，但是最终，我们必须依据自己的需求，从不同的方案和方法中挑选出能够解决问题的最佳方法或方案。

逻辑性是指收敛思维具有严密的逻辑，需要进行科学、冷静地分析。它不但要进行定量分析，更要进行定性分析。同时，还要善于对已有的信息进行加工和处理，从一个方面推及至另一个方面、从表面深入到本质、去除虚假留存真实地分析各种方案可能产生的后果，进而作出科学的决策。

比较性是指在运用收敛思维时，需要对现有的各种方案进行充分比较才能确定其优劣。在比较分析时既要考虑单项因素，又要统筹思考总体效果。

4.3.3　发散思维和收敛思维的统一

发散思维和收敛思维都是创新思维的重要组成部分，二者互相联系，相辅相成，密不可分。在所有的创新过程当中，都必定要经历从发散到收敛，再从收敛到发散，如此循环往复多次的思维过程，最终直至问题得以完全解决。

发散思维充分展现了"由此及彼""由表及里"的思维过程，而收敛思维体现了"去粗取精""去伪存真"的思维过程，也就是先进行"多谋"，再进行"善断"的过程。

在创新活动中，发散思维的过程需要充分发挥知识、技能的作用及想象力，收敛思维是具有选择性的，在进行收敛时，更需要运用知识和逻辑。发散思维就如同海阔天空般广阔，而收敛思维恰似九九归一般凝练。

【案例4-4】

关于密封门的设计

课题名：公共场所新型密封门的设计

现状分析：一般来说，凡是安装了恒温设备及要求恒温的场所，都应具有良好的密封性能。但是公共场所进出大门的人很多，甚至有时候川流不息，传统的大门无法做到既能保证室内恒温，又能满足人来人往的需要。因此设计新型密封门的创新课题应运而生。

创新团队运用发散思维，最后归纳出以下设计思路。

对开门、横拉门、旋转门、卷帘门、光控门、声控门、气封门、红外线控制门、相机快门式门、电控门、无形离子屏门。

如何从以上多个思路中选出最佳方案呢？既可以单选一种，也可以将几种思路组合在一起。

分析后设计人员认为：旋转门已经广泛应用，横拉门—光控门—气封门、横拉门—声控门—气封门、横拉门—红外线控制门—气封门三种组合在机场大厅、豪华酒店等多处也都有应用。

而"无形离子屏门"尚未有报道，属于新颖大胆的思路。因此，决定向这个方向努力。

在创新活动过程中，人们可以通过发散思维，提出新的设想和方案，然后通过收敛思维从中挑选出最好的、最适合我们需要的设想和方案。很显然，创新性先表现在发散上，发散和收敛既是相辅相成的，又是辩证统一的，二者都是为了实现创新、创造的目标。

4.3.4 思维训练案例

【案例4-5】

红砖的用途

红砖可以有哪些用途呢？

以下是进行发散思维后的内容。

从红砖作为建筑材料这一方面来考量其用途：红砖能够用来建造房子，涵盖建设大楼、宾馆、教室、仓库、猪圈、厕所，等等，还能够用于铺路、修筑烟囱等；

从红砖的重量角度来分析其用途：红砖可以压纸、用于腌菜、作为砝码、当作哑铃等；

从红砖的固定形状方面来分析其用途：红砖可以作为尺子、组成多米诺骨牌、垫脚等；

从红砖的颜色层面来分析其用途：红砖能够当笔使用、用于画画、压碎后做指示牌、制成颜料等；

从红砖的硬度方面来分析其用途：红砖可当凳子、作为锤子、支撑书架、磨刀、用于练武等；

还能够从红砖的材质、化学性质、用于吸水、用于雕刻，以及变成工艺品等方面来思考其用途。

【案例4-6】

曲别针有多少种用途?

"中国思维魔王"许国泰声称自己能够说出 3000 种甚至 3 万种用途。他将曲别针的用途归纳为四个字:钩、挂、别、联。他把曲别针的个体信息分解成多个要素,如重量、体积、长度、截面、韧性、弹性、硬度等,将要素用一条线连接起来,构成信息坐标 X 轴。随后,他再把与曲别针有关的人类实践活动进行要素分解,连接成另一根信息坐标 Y 轴。两坐标轴相互连接,垂直延伸,形成信息反应场,使两轴各点上的信息依次"相交",产生"信息交合"。如此一来,曲别针仿佛变成了孙悟空手中的"金箍棒"。由此可见,曲别针的用途可以说是近乎无穷无尽。

【案例4-7】

设计一款适合学生使用的智能学习设备

一、问题背景

随着科技的发展,智能学习设备越来越受到学生和家长的关注。某公司决定设计一款适合学生使用的智能学习设备,以满足市场需求。

二、发散思维

1.功能方面

·具备课程学习功能,提供各学科的教学视频、课件等资源。

·具备作业辅导功能,能够解答学生的问题,检查作业。

·支持在线测试,帮助学生巩固知识。

·具备语音交互功能,方便学生提问和获取信息。

·具备时间管理功能,提醒学生合理安排学习时间。

·可连接互联网,获取最新的学习资料。

2.设计方面

·外观时尚,符合学生的审美。

·轻便易携带,方便学生在不同场合使用。

·屏幕清晰,保护学生视力。

· 操作简单，易于学生上手。

· 有多种颜色可选，满足学生的个性化需求。

3. 价格方面

· 推出不同配置的版本，满足不同层次消费者的需求。

· 进行成本控制，降低产品价格。

· 提供优惠活动，如打折、赠品等。

4. 服务方面

· 提供良好的售后服务，解决学生和家长的后顾之忧。

· 建立用户社区，方便学生交流学习经验。

· 定期更新软件，增加新功能。

三、收敛思维

1. 分析各个方案的可行性

· 功能方面，课程学习、作业辅导和在线测试是学生最需要的功能，语音交互和时间管理功能可以提高产品的便利性。但过多的功能可能会增加产品的复杂性和成本。

· 设计方面，外观时尚、轻便易携带和屏幕清晰是重要的考虑因素。操作简单和多种颜色可选可以增加产品的吸引力。但过于追求外观设计可能会影响产品的性能和价格。

· 价格方面，推出不同配置的版本可以满足不同层次消费者的需求，但需要考虑成本和市场竞争力。进行成本控制和提供优惠活动可以吸引更多的消费者，但可能会影响产品的质量和利润。

· 服务方面，良好的售后服务和用户社区可以提高用户满意度和忠诚度。定期更新软件可以增加产品的竞争力，但需要投入一定的人力和物力。

2. 考虑市场需求和竞争情况

· 通过市场调研了解学生和家长对智能学习设备的需求和期望。

· 分析竞争对手的产品特点和优势，制订差异化竞争策略。

3. 综合评估选择最佳方案

· 确定产品的核心功能为课程学习、作业辅导和在线测试，同时保留语音交互和时间管理功能。

· 设计外观时尚、轻便易携带的产品，屏幕采用高清护眼屏，操作简单易懂。

· 推出高中低三个配置的版本，价格不同，以满足不同层次消费者的需求。

· 提供一年的免费售后服务，建立用户社区，定期更新软件。

四、方案实施与监控

（1）按照最佳方案进行产品设计和开发。

（2）制订市场营销策略，推广产品。

（3）建立监控机制，定期收集用户反馈，评估产品的市场表现。

（4）根据用户反馈和市场变化，及时调整产品和营销策略。

4.4 直觉思维与灵感思维

4.4.1 直觉思维

1. 直觉思维的定义

直觉思维是指一种不受特定固定逻辑规则约束能够直接领悟事物本质的思维方式。直觉作为一种独特的心理现象，既广泛地存在于日常生活当中，也在科学研究中有着广泛的应用。

所谓直觉思维，即不经过大脑的分析、判断及推理等过程，直接得出结果的一种思维过程，是大脑在受到外界信息刺激后，迅速形成的一种快速反应，这种反应所形成的预感是未经任何思考及推理的结果。那么，直觉思维为何往往是正确的，甚至还具有创新性呢？直觉必须以经验为基础，是大脑对其思维过程进行简化、压缩甚至超越后，得出事物规律或问题答案的一种闪电式的顿悟。

2. 直觉思维的特征

直觉具有创新的特征，是由直觉思维的特点所决定的。直觉思维具有以下三个基本特征。

第一，结论的突发性。直觉的结论常常是在毫无任何先兆的情况下突然闪现的，以至于主体自身都说不清楚为何会得出这样的结论，也意识不到其思考的过程。这主要是由直觉思维的无意识性和不自觉性所形成的，它是人们对问题的瞬间顿悟和理解。

第二，结构的跳跃性。直觉思维没有常规逻辑思维那种循序渐进的思维环节，主要是非逻辑性的表现。它可以突然从起点跳跃至终点，从一事物跳跃到另一事物。

第三，思维的偶然性。其主要表现为直觉思维具有不成熟性。换句话说，直觉思维在一般情况下只是形成一种猜想或者假说，形成一个可能的判断。因此，人们通过直觉得出的结论并不全面和准确，还需要对其进行科学的实践和验证，才能确定其正确性。正如纽约大学心理学教授詹·布鲁斯所说："直觉可以把你带入真理的殿堂，但如果你只是停留在直觉上，也可以使你陷入死角。"

【案例4-8】

丁肇中的故事

众人皆知，著名的华裔实验物理学家丁肇中，因其发现了一种质量约为质子质量三倍的长寿命且奇怪的中性粒子——J粒子，而荣获了1976年诺贝尔物理学奖。那么，他是如何发现这种粒子的呢？

原来，丁肇中在进行基本粒子研究时，凭借直觉判定重光子没有必然理由一定要比质子轻，极有可能存在许多具有光的特征且比较重的粒子。然而，在当时的理论上并没有对这些粒子的存在进行预言和证明。正是直觉思维使得丁肇中选定了探查粒子存在这一重大科研课题。

1972年，丁肇中带领一个小组在纽约的布鲁克国家实验室展开了一系列实验，以寻找新的重粒子。经过数年的潜心钻研，他终于发现了比质子重且具有光特征的粒子——J粒子。1974年11月12日，在实验室里夜以继日工作了两年多、全力攻克难题的丁肇中向全世界宣告，他的小组发现了一种未曾预料到的新的基本粒子——J粒子。这种粒子具有两个奇怪的性质：质量重、寿命长。这为人类认识微观世界开辟了一个新的境界，被称作"物理学的十一月革命"。

对于这个粒子的发现难度，丁肇中曾如此比喻："在雨季，一个像波士顿这样的城市，一分钟之内也许要降落下千千万万粒雨滴，如果其中的一滴有着不同的颜色，我们就必须找到那滴雨。"

创新者凭借自身卓越的直觉思维，能够在纷繁复杂的事实面前，敏锐地觉察到某一类现象或思想具有重大的现实意义，也就有可能预见到将来在这些方面会产生重大的创造发明成果。

【案例4-9】

伦琴和X射线

世界上首位诺贝尔物理学奖得主是德国科学家威廉·康拉德·伦琴（W.K.Rontgen）。他因发现 X 射线而在历史上留下浓墨重彩的一笔，X 射线的发现是人类历史上极具影响力的事件之一，与它的前身阴极射线的发现一样，皆为无心插柳却收获意外之喜的美谈。1895 年 11 月 8 日，伦琴为把阴极射线引出玻璃管外进行研究，采用了较高的放电电压，且在黑暗的实验室中进行研究。在研究过程中，他发现无意中放在实验室的照相底片感光了。直觉向他发出提醒：必定有一种射线存在。由于对这种具有超强穿透力的射线了解不足，他将这种引发奇异现象的未知射线称作 X 射线。正是这一直觉推动他继续深入研究。最终，他发现了这种神秘射线的诸多性质，从而为 X 射线在医疗等领域的应用作出巨大贡献，伦琴也因此荣获诺贝尔奖。

人们在创新、创造的进程中，总会遭遇诸多复杂纷繁的状况，需要选定明确的创新目标，确定最优的创新方案。而直觉思维往往能够助力人们从众多可能方案中筛选出最佳方案，这已成为创新者广泛运用的原理和经验。直觉思维尽管在创新活动中发挥着较为重要的作用，但直觉始终以经验为根基。总体而言，对越是熟悉的事物就越容易产生直觉。然而，人们的经验往往是有限的，这种局限性常常会致使创新者仅凭直觉思维得出的结论存在一定的局限性，有可能被局限在一定范围内，甚至可能得出错误的结论。例如，医生在为病人诊断病情时，若在未对病人进行全面检查之前，依据直觉匆忙作出判断，就可能对病人作出错误诊断。因此，在创新创造过程中，一方面要重视直觉思维的积极效用，另一方面又要注意克服其缺陷，对于由直觉得出的猜测或结果，必须进一步通过实践来验证其正确性。

4.4.2 灵感思维

1. 灵感思维的定义

灵感思维是指对于一个长期思考的问题，因受到某些事物的启发或诱发而迅速得到解决的心理过程。灵感是人类大脑的一种机能，是对客观现实的一种反映。灵感思维活动从本质上来说，就是潜意识与显意识之间相互关联、相互作用、相互贯通的一种理性思维认识的整体性创造过程。

在人类历史中，许多重大的科学发现及文艺作品杰作，常常会伴随着灵感智慧的闪现。例如，德国化学家凯库勒（Friedrich A. Kekule）的研究成果就是一个经典的例子。凯库勒长期致力于苯分子结构的研究，有一天，他在睡梦中见到蛇咬住自己的尾巴形成环形，由此引发灵感，很快便得出了苯的六角形结构式。

灵感与创新紧密相连，灵感并非唯心的存在，而是客观存在的，是人们思维的一种特殊形式，是人们在长期思考某一问题时，受到其他事物的某种启发，忽然得到解决的心理过程。灵感是人脑的机能，是人对客观现实的反映。灵感不是一时兴起，也并非神秘莫测，灵感与创新可以说是息息相关的，是一种能够使问题瞬间清晰的顿悟，是人经过大量艰苦的思考之后，在环境变化或偶遇事物时突然得到某种特别的创新性设想的思维方式，是一种必然性与偶然性的统一。

【案例4-10】

王冠中掺了假?

"给我一个支点，我能撬动地球!"这句为人熟知的话出自阿基米德。

在古希腊，国王想要制作一顶与泰尔的王冠完全相同的纯金王冠，用以奉献给他心中永恒的神灵，并且向金匠足额提供了制作金王冠所需的黄金。金匠打造出了一顶重量与黄金数量相等的王冠。然而，有人怀疑金匠采用掺入相同重量白银的办法贪污了部分黄金，却苦于没有证据。国王召见阿基米德，要求他想出办法检测金王冠里是否掺杂了白银。这一次，阿基米德被难住了，他绞尽脑汁也未能找到解决问题的方法，每天茶饭不思，睡眠不佳，也不洗澡，如同着了魔一般。有一天，国王派人来催促他进宫汇报，他的妻子见他实在太脏，便逼迫他去洗澡。他带着沉思走进浴室，当他坐进澡盆时，溢出的水突然给了阿基米德灵感。他顾不上洗澡，立刻去进行实验。阿基米德将各种物体放入盛满水的容器中，经过测量，证实溢出的水的体积与放入水中的物体的体积是一致的。他凭借这种方法断定王冠里掺入了比黄金更轻的白银，并且由此发现了浮力定律，也就是教科书上所称的"阿基米德第一定律"。

2. 灵感思维的特点

灵感思维常常突如其来，令人突然豁然开朗。这里所说的突如其来，是指它在人毫无防备、未曾预料之时陡然出现。其出现具有一定的偶然性。

【案例4-11】

欧阳修与达·芬奇

唐宋八大家之一的北宋著名诗人欧阳修曾自称："我这一生所创作的文章多在三个地方完成，即马上、枕上和厕上。"李白在饮酒之时创作力最为旺盛，故而有"李白斗酒诗百篇"的说法。

达·芬奇既是一位伟大的画家，也是一位发明家。他获取灵感的方式较为奇特，先是闭上眼睛，让全身放松，接着在纸上随意涂鸦，睁开眼睛后，利用这些杂乱无章的图案，在自己的脑海中形成特定的图形和联系，进而获得灵感。他的许多发明都是借助这种方法产生灵感而创造出来的。

灵感是一种看似十分神秘的现象，是一种无法被人控制、创造力高度发挥的突发性心理状态。当这种现象出现时，人们可能会突然找到过去长期思考却一直未能解决的问题的新方法，或者发现一直未曾发现的新答案。

人们无法凭借自己的意志使灵感随时产生，也不能预先计划它的到来，它往往"不期而至""出其不意""从天而降"……甚至有些灵感还会在人们的梦中出现。门捷列夫曾试图按照化学元素的性质编制元素周期表，但很长时间都未能成功。然而，一场美梦却给予了他帮助。有一次，他坐在桌旁精心钻研，由于已经三天三夜没有睡觉，实在太过疲劳，不得不睡了一会儿，不过他的大脑并没有停止工作，在梦中他顺利地完成了周期表的编制工作。他说道："我梦见了周期表，各种元素都按它们应占的位置排好了。"醒来后，他立即将其写在一张小纸上，后来经过认真研究，发现竟然只有一处需要修正。

【案例4-12】

米老鼠的诞生

迪士尼曾从事美术设计工作，生活并不富足，他与妻子居住在一处老鼠频繁出没的公寓里。后来他失业了，由于付不起房租，夫妇二人被迫搬离公寓。他们情绪十分低落，且感到茫然，不知该去往何处、该做些什么。一天，他们坐在公园长椅上束手无策，这时迪士尼的行李包中突然钻出一只小老鼠，看着老鼠机灵且滑稽的模样，夫妻俩顿时觉得有趣，相视一笑，心情一下子变得舒畅起来，也不再那么苦闷和烦恼了。此时，迪士尼的脑海中突然闪过一个念头，他惊喜地大声对妻子说："太棒了！我想到一个好主意！世界上有很多人与我们一样生活不如意，他们肯定都很苦闷和烦恼。我要把小老鼠可爱的面孔画成漫画，让千千万万的人从小老鼠的机灵滑稽形象中获得安慰和愉快。"风靡全球的"米老鼠"形象就这样诞生了。灵感往往产生于对需要解决的问题进行长时间思考和执着探索的过程中，在与某些相关或不相关的事物接触时，有可能在头脑中突然闪现出所思考问题的某种答案或启示，就如同迪士尼夫妇因小老鼠的出现而触发灵感一样。许多意想不到的东西都可以成为触发灵感的媒介，它的出现常常使思考者喜出望外、异常兴奋，使思考者获益良多。灵感不受人的意志控制，也无法预定。

灵感思维转瞬即逝，飘然离去。灵感的呈现过程极为短暂，往往只有一瞬间，稍纵即逝。明末清初书评家金圣叹在对《西厢记》的批语中曾写道："饭前想到一篇文章，还没来得及写，饭后再写，就成了另一篇文章，前文已无法得到。"这充分说明了写文章时灵感闪现的特点。当灵感闪现时，留住它的最好办法就是写下来，圆舞曲之王小约翰·斯特劳斯在灵感突然闪现的时候，没有纸记录，他便脱下自己的衬衣当纸用，在袖子上写下了他的不朽杰作——《蓝色多瑙河》。

4.4.3 灵感思维的规律

一般情况下，灵感思维具有以下规律。

1.灵感产生于对需要解决的问题进行大量艰苦的创新活动之后

灵感思维的产生基础在于对需解决问题进行长时间的思考及执着探索等创新性活动。倘若没有这些创新性活动的施行，灵感便不会产生。大量且艰苦的创新活动使人们大脑的神经处于高度紧绷状态，思维能力也到了即将被突破的边缘或者极限。此时，只需一个微小的诱因，就能够使所需的信息显现出来，进而立即引发人们大脑神经的强烈共鸣，从而催生出人们所需的灵感。

2.灵感产生于大量的信息输入后

灵感的产生，如同电压增加到一定的高度直至突然发光，电路接通，就能产生光芒。因此，人们在进行创新活动时，应不断地往头脑中输入大量信息，其是产生灵感的重要前提之一。阅读相关资料、上网搜索、请教专家等，都是信息输入的过程。

3.灵感产生于一定的诱因

长时间思考和执着探索使创造力本身就处于饱和状态，要突破这个状态，就需要找到一定的诱因，使其产生新的质的飞跃。可以说，是灵感使莎士比亚创作出像《哈姆雷特》这样撼人心魄的悲剧，是灵感使冰心创作出《纸船》那样温馨感人的诗作，也是灵感让300年前让坐在苹果树下休息的牛顿，发现了主宰万物间的万有引力定律，灵感使罗琳构思出风靡全球的《哈利·波特》。灵感思维随着人类文明的发展而发展。过去，人们都是在无意中运用灵感思维，现在我们要学会主动运用它，灵感思维能极大地提高我们的学习与工作效率!

4.5 横向思维与纵向思维

4.5.1 横向思维

1.横向思维的定义

横向思维是一种突破常规逻辑局限，将思维向更为广阔领域拓展的前进式思考方式。这里所说的"横向"与逻辑思维思考形态的垂直纵向走向相对，横向思维既能够实现多点切入，又可以从终点返回到起点展开思考。它的特色在于不被任何范畴所束缚，进而创造出更多、更新颖、更具价值的新思路、新方法、新观点、新事物，是一种富有创新性的思维模式。横向思维实际上是一种解决难题的途径和方法，其发挥的主要作用在于创新。凡是具有横向思维的人，其思维层面都不会过于狭窄，并且擅长触类旁通。横向思维犹如江河一般，每当遇到宽广之处时，自然会蔓延开来，不过其不足之处在于深度有所欠缺。

苏东坡曾言："横看成岭侧成峰，远近高低各不同。"这些差异的产生正是源于人们看待问题的视角有所不同。从正面看，前方云雾弥漫，障碍众多；从侧面看，路径清晰可见，问题也能轻松解决。从眼前看，或许是一场灾难，但从长远看，却蕴含着无尽的商机。横向思维是针对问题本身提出疑问、重新对问题进行思考。它倾向于探寻观察事物的所有不同方式，另辟蹊径，这对于打破原有固定的思维模式极为有益。横向思维要求人们先从各种不同的角度去思考问题，再进行确定并寻找到最佳的解决方案。

【案例4-13】

"随时贴"的发明

黏胶通常被认为是越黏越好。在人们购买胶黏剂时，往往会挑选黏着力最强的，这便是"黏"这个概念赋予人们的认知。然而，当人们对这个主导观念发起挑战时，却发现了意想不到的效用。美国某公司是一家著名的化学品企业，曾发明过透明胶带等产品。

1964年，美国某公司举行四年一次的聚合黏胶研究计划会议，研究员史尔华研制出一种内聚性较强、附着性较弱、黏附力较低的超弱性黏胶。众人都对"不黏的黏胶有何用处"表示怀疑，而史尔华却始终坚信不黏的黏胶必定会有其用途。1974年，史尔华的同事佛瑞在基督教唱诗时，看到夹在诗本中起提示作用的小纸条常常从书中掉落，他突然想到若在纸条上添加一些超弱黏胶，这样纸条既不会掉下来，又不会把书黏坏。1978年，"随时贴"被投放到市场，随即在美国市场上风靡开来。某公司总裁感慨万分地说："自从本公司推出透明胶带后，20 多年来，还没有一项产品如此简单，却有着如此广泛的用途。"这正是突破了胶黏剂一定要黏的概念束缚。

2. 横向思维方法

横向思维方法有横向移入、横向移出、横向转换三种类型。

横向移入是指不被原来的专业或技术所限制，跳出原有专业、行业及技术的范畴，摆脱习惯性思维的束缚，将注意力引向更多、更广阔的领域。把其他领域中较为先进的技术方法、原理等直接引入并加以有效利用，或者从其他领域事物的特征、属性中获得启发，重新思考原本的问题。如此一来，能在原来思路或方案的基础上，引发新的创新设想。例如，奥地利有一位著名的医生奥恩布鲁格（Joseph Leopold），想要解决如何检查病人胸腔积水的问题。他反复思索，突然想到他父亲平日里用敲酒桶来判断桶内酒的多少的方法。他的父亲从事酒生意，在经营酒业时，只要用手敲一敲酒桶，听其反馈的声音，就能知晓桶内还有多少酒。奥恩布鲁格联想到人的胸腔与酒桶有相似之处，如果用手敲一敲胸腔，依据反馈的声音，能否诊断出胸腔中积水的情况呢？经过反复研究和实践，叩诊法就这样诞生了。

横向移出是指将现有的设想、已有的技术或产品，从现有的使用领域、使用对象中脱离出来，将其推广到其他意想不到的领域或者对象上，其过程与横向移入恰好相反。例如，法国著名细菌学家路易斯·巴斯德（Louis Pasteur）发现酒变酸、肉汤变质都是细菌在起作用，通过处理、消灭或隔离细菌，就可以防止酒变酸和肉汤变质。李斯特把巴斯德的理论应用于医学界，引发新的创新设想，发明了外科手术消毒法，拯救了无数的生命。

横向转换并不能直接解决问题，而是将此问题转化为其他问题。例如，美国某公司是世界上最大的影像产品及相关服务的生产和供应商，专门生产胶卷。1963 年，该公司并没有急于售卖胶卷，而是先生产了一种大众化的自动相机。等这种相机受到消费者喜爱时，该公司还宣布各个生产厂家都可以仿制。于是，世界各地都在生产自动相机，这就为该公司胶卷开辟了广阔的销售市场。通过横向转换，把复杂的问题简单化，往往能取得意想不到的效果。

4.5.2　纵向思维

1. 纵向思维的定义

所谓纵向思维，是指在一种特定结构范围内，按照有顺序的、可预测的、程式化的方向进行的思维形式，是一种符合事物发展方向和人类认知习惯的思维方式。它遵循着由低到高、由浅到深、由始到终等线索，因而清晰明了合乎逻辑。纵向思维属于一种重分析的传统科学思维，既需要分析事物在空间上整体的各个组成部分，又要剖析事物在时间上整个发展过程的各个阶段，还要对复杂统一体的相关要素、相关方面及相关属性进行分析。当人们运用纵向思维时，每一步都被逻辑严格地规定着，客观的逻辑规则确保了在一个逻辑联系网络中每一个点的位置，以及每一步的方位。因此，纵向思维能够为人们带来对事物的深入认知，使人们对事物的研究更加专注。

纵向思维的目标是径直抵达正确的结果，所以在思考过程中会尽量排除不相干的信息。纵向思维是在原有的模式中进行思考，必然遵循现有的概念和范畴。在这个时候，事物的类别和含义都已经被规定好了，纵向思维在这个框架中能够自如地发挥作用，畅通无阻。可以想象，如果在一个系统中，概念定义都是混乱不清的，那将会带来极大的麻烦。纵向思维总是沿着那些最为明显的途径前进，以保证人们能够最快地获得正确的结果，但这些答案或结果不过是被包含在原有的原理之中的。因此，纵向思维对解决常规问题是有效且合理的，解决问题的方式也比较专业。

【案例4-14】

纵向思维提供深刻见解——追问到底法

在日本某汽车公司，存在一种极为特别的管理方式，曾经一度十分盛行，此管理方法被称作"追问到底法"。简而言之，就是针对公司近期出现的每一个问题，都务必追问到底，最终找出问题产生的根本原因。一旦确定了根本原因，那么在"追问到底"过程中的那一连串问题也就能够有更为深刻的认识。

例如，公司的生产机器突然停止运转了，该公司便针对这一问题，沿着

"机器停了"这条线索展开一系列追问。

问："机器为何不转动了？"

答："由于保险丝断了。"

问："为何保险丝会断开呢？"

答："因为超负荷导致电流过大。"

问："为何会出现超负荷呢？"

答："因为轴承干涩不够润滑。"

问："为何轴承干涩不够润滑？"

答："因为油泵吸不上来润滑油。"

问："为何油泵吸不上来润滑油呢？"

答："因为油泵产生了严重磨损。"

问："为何油泵会产生严重磨损呢？"

答："因为油泵没有安装过滤器，在机器运行过程中使铁屑掉入其中。"

追问到这里，"机器停止不动"的根本原因得以找到，解决方案也就随之产生了。解决方案为：只要给油泵装上过滤器，再换上保险丝，机器就能长期正常运行。倘若不进行这样一番追问，只是每次在机器停了的时候简单地换上一根保险丝，看似机器能够运行了，问题好像解决了，但没过多久，问题又会再度出现，机器又会停止运转，导致机器停止的根本原因没有被找到，问题并没有被彻底解决。

2. 纵向思维的特点

专注：纵向思维属于一种注重分析的传统科学思维方式。所谓重分析，即把研究对象拆分为客观存在的各个组成部分，进而分别进行研究。纵向思维依照逻辑的步骤逐步推进，不能跨越特定阶段。人们在运用纵向思维时，每一步都受到逻辑的严格规定。客观的逻辑规则确保了在一个逻辑联系网络中每一点的位置，以及每一步的方位。由此，纵向思维能够带给我们对事物的深入认知，使我们对事物的研究更加专注。

专业：一个人在进行纵向思维时，常常聚焦于一点，排除所有不相关的事物，不过同时也欢迎偶然闯入的元素。纵向思维的目标是直接抵达正确的结果，所以在思考过程中会尽可能排除不相干的信息。纵向思维是在原有的模式中进行思考，必然遵循现有的概念和范畴。此时，事物的类别和含义都已被规定好，纵向思维在这个框架中能够顺畅地发挥作用，毫无阻碍。可以想象，如果在一个系统中，概念定义都是混乱不清的，那将会带来极大的麻烦。纵向思维总是沿着那些最为明显的途径推进，以保证人们最快地获得正确的结果，然而答案或结果其实是包含在原有的原理之中的，所以纵向思维对于解决常规问题是有效且合理的，其解决问题的方式比较专业。

3. 横向思维与纵向思维的互补

横向思维是激发性的，它倾向于探索解决问题的所有不同方法，考虑多种选项的可能性，思维过程非常活跃、开放，最容易引发灵感，但需防止在思维过程中过于分散。纵向思维是分析性的，它可以排除不相关者，思维过程相对集中和深刻，缺点是容易按部就班，不利于创新。二者关系是，两种思维方法既相对又互补，在创新思维过程中，只有不断地交替使用才能充分发挥它们的作用，相得益彰。横向思维与纵向思维的互补就是非逻辑思维与逻辑思维的互补。

横向思维与纵向思维的互补体现在以下几个方面。

其一，认知互补。爱德华·德·波诺（Edward de Bono）最初创立横向思维这一概念，其目的便是针对纵向思维的不足之处，提出与之相对且互补的思维方法。而横向思维与纵向思维的结合，确实能够使思维变得更为丰富、更为科学。德·波诺曾极为形象地描绘了横向思维与纵向思维各自的作用及其互补性，横向思维就如同汽车变速器的倒车挡。在开车的过程中，没有人会　直使用倒车挡来行驶，但是在每一辆车上，倒车挡都是不可或缺的，人们也必须学会使用它，这样才能使人们灵活地从死胡同中退出来。

其二，方法互补，横向思维可以创造出更多、更新、更有价值的新思路、新方法、新观点、新事物，纵向思维则可用来发展这些观点、思路与方法。横向思维为纵向思维提供了更多的选项，提高了纵向思维的效力；纵向思维更好地利用了横向思维所产生的思路和方法，使得横向思维的效力成倍增加。

横向思维与纵向思维是从思维方向上呈现出不同变化规律的。纵向思是直线式的、垂直的，向纵深发展的思维，像在地面上找一个地方纵深地挖下去；横向思维则是向四面八方扩散的思维方式，是横向地向空间发展，就好比在地上不同地方挖，尝试着多种可能。

【案例4-15】

爱德华·德·波诺先生的提问

爱德华·德·波诺先生在牛津大学期间就对"横向思维"极为推崇。在一次讲座中，他提出了这样一个问题：有一个工厂的办公楼原本是一幢两层楼的建筑，占地面积较大。由于楼层仅有两层，土地未能得到充分有效的利用，工厂为更高效地利用土地，决定重新建造一幢 12 层高的办公大楼。然而，员工搬进新办公大楼后不久，就开始抱怨新大楼在等待电梯上要花费很长时间，原因是电梯不够快且数量也不够多，尤其是在大家上下班的高峰时段。针对这个问题，工厂要求大家提出解决方案。

于是，大家想出了几个解决方案：其一，在上下班高峰时，让电梯分别在奇数楼层和偶数楼层停靠；其二，在室外再多安装几部电梯；其三，把公司各部门的上下班时间错开，避免同时乘坐；其四，在所有电梯旁边的墙面上都装上镜子；其五，搬回旧办公楼。

面对上述这些方案，你会选择哪一个呢？倘若你选择的是第一、二、三和五，那么你运用的是"纵向思维"，也就是按照传统思维的方式和角度去思考这个问题；假如你选择了第四，你就是在运用"横向思维"，你在考虑问题时，能够跳出思维的惯性，从更广泛、更新颖的角度上去进行思考。

这家工厂经过认真考量、反复斟酌，最终采用了第四种方案，并成功地解决了问题。因为，每个人都会不自觉地去照镜子，当人们忙于在镜子面前仔细审视自己或是观察别人时，人们的注意力就不再聚焦于等待电梯上，焦虑的心情得以放松，不再感觉时间漫长。办公楼并不缺少电梯，缺乏的是人们的耐心。

4.6 两面神思维：正向与逆向互补

4.6.1 两面神思维的内涵与作用

"雅努斯"为古罗马门神之名，传说中雅努斯拥有两张面孔，故而也被称作"两面神"。人类的思维具有方向性，包含正向和反向，由此便产生了正向思维与逆向思维这两种思维形式。

正向思维与逆向思维属于一种认知和思考的方式。所谓正向思维，是指顺着问题自然地的发生、发展方向，自始至终依照物理过程的发展去进行分析，去发现问题、思索问题，探寻规律，进而得出结论。而逆向思维是指沿着物理过程的逆向发展方向，对物理过程进行反演。正向思维是主流方向，逆向思维则是另寻蹊径。"正"与"逆"这两种相互对立的事物属性结合在一起，相辅相成、对立统一，这便是两面神思维。

美国著名精神病学家马歇尔·卢森堡（Marshall Rosenberg）对那些有重大科学发现和创新性成就的人物进行了大量的走访、调查与分析，逐步形成了"两面神思维"的概念。他在详细研究和分析了爱因斯坦创建相对论的过程后认为，爱因斯坦的创造力就是"两面神思维"的一个经典范例。例如，1905年，爱因斯坦提出"光量子假说"。在此之前，物理学家对光的粒子性与波动性这两种根本对立的图像深感困惑且相互排斥。然而，爱因斯坦却大胆地将这两种根本对立的图像统一起来，运用"光量子假说"，肯定了光同时具有波和粒子的双重性质。两面神思维实质上是一种从对立之中去把握新的、更高级的统一的辩证思维方法。这种善于从差异中把握统一，或者从对立的、相反的两极来形成统一的积极思维，是一种更为高级的创新性思维。

掌握"两面神思维"，就是回归到一种辩证、全面、整体、圆融的思维，有利于人们去创新，以及加深对真实世界的认识。在运用两面神思维的过程中，人们以"同时真实，又不真实"的观点，产生自己标志性的思想，进行非常有开拓性的创作。例如，爱因斯坦发明了相对论，部分原因是想象一个从屋顶上掉下来的人可以同时静止和运动。毕加索和凡·高的作品，在动与静、真与虚的交融中开创出令人耳目一新的绘画风格。

4.6.2　两面神思维的四种表现形式

1. 逆向思维

逆向思维并非采用人们通常思考问题的方式，而是反其道而行之，从对立的、相反的角度和途径进行思考，是一种具有极强创新性的思维过程与形式。它的创新性源自其自身的特点，即逆向性与求异性。

两面神思维在技术发明方面的逆向思考主要体现为反向法。反向法是从对立、颠倒、相反的角度去探寻突破的方法，它能够打破常规，突破思维惯性，另辟蹊径，从而获得发明或变革的成功。反向运用事物的属性，如顺序、结构、形状、状态、功能等，往往能出奇制胜，取得意想不到的效果。吹尘机发明后，有人在使用时被吹起的灰尘呛得透不过气，后有设计师联想，吹的相反是吸，那改为吸尘会如何呢？然后就出现了吸尘机（吸尘器）。这就是从事件行为中，找到与其相反的行为。"司马光砸缸"这个故事大家非常熟悉，由于司马光个子太小不能爬到水缸救人，那怎么办呢？砸，砸，使劲砸坏它……这就是当改变不了自己方时，尝试改变另一方！

逆向思维主要从事物的固有属性，包括顺序、结构形状、功能、属性、原理等方面的反向切入，以此去探寻新的创新思路。

在顺序方面，有时间上的先与后、快与慢、主与次、滞后与超前等，有空间上的上与下、左与右、前与后等。

在结构形状方面，有方与圆、大与小、正与反、多与少、内与外、对称与非对称、平面与立体等。

在状态方面，有真与假、黑与白、美与丑、长与短、好与坏、是与非、生与死、苦与乐、悲与喜、有与无、利与弊、正与负等。

在功能方面，有劣与优、难与易、你动与他动、有作用与无作用、施主与受主等。

在属性转换方面，有美变丑、丑变美；热变冷、冷变热；甜变咸、咸变甜；吸引变排斥、排斥变吸引；突变变渐变、渐变变突变；精细变模糊、模糊变精细等。

原理逆向是指从事物的原理的相反方向进行逆向思维。奥斯特实验证明了通电导体周围存在磁场。在奥斯特发现"电生磁"的启发下，法拉第运用逆向思维并取得重大突破，经过历时10年的不懈努力，他发现了电磁感应现象，为发电机的制造奠定了坚实的基础。

逆向思维是一种逆转正向思维，也就是突破常规思维的思维方式，是用与常规思维相矛盾或相反的思维视角思考问题。"逆"的是一般人思考的"方向"。

2. 相反相成

相反相成意味着依据实际需求，有意地将事物的对立面进行有机联结。此时，事物对立的性质不但不会产生破坏作用，反而能够发挥建设性的功效。通过相互联系、相互转化，对立中的单方面性质在联系中逐渐消逝，进而呈现出事物的新功能、新作用。

存在许多相反相成的事物，如数学领域的微分与积分、加与减、乘方与开方；物理领域的凝固与溶化、吸引与排斥、膨胀与收缩；化学领域的氧化与还原；生物领域的遗传与变异；技术领域的除锈与镀膜、加热与冷却；等等。相反相成体现两个对立的事物之间存在特定关系，它们相互依存、相互促进，共同构成一个整体。

3. 缺点逆用

人们从小接受的教育是缺点是不好的、应当克服的，总是被要求时常检查或检讨自己的缺点，并要克服所有的缺点。然而，倘若运用两面神思维深入思考，难道缺点就不能够被加以利用，进而产生与缺点相伴却对创新主体有用的价值吗？利用缺点的特性并进行有效利用，就有较大可能产生对创新主体有用的价值，也就是把缺点当作一种可应用的属性，或者将缺点置于人的控制之下，进而变害为利。例如，金属铜具有氢脆性，在500 ℃的高温下铜会出现裂纹并产生碎裂，这是铜的缺陷。但是我们将铜的这一缺点视作铜的一种属性，把铜放置在氢气气流中，加热至500 ℃～600 ℃，历经1～2小时，铜的氢脆性使铜碎成粉状，可便捷地制造出可供粉末冶金的细铜粉。缺点逆用就是巧妙地利用事物的缺点，将其弊端转化为有利之处，寻求新的创新。

4. 以"毒"攻"毒"

"以毒攻毒"是指利用甲事物的缺点制伏乙事物的缺点。例如，蜈蚣和蝎子皆具有毒性，但在治疗惊风抽搐、口歪眼斜等病症方面却有着神奇的效果；毒蛇的毒液含有剧毒，但是经过加工处理，将蛇毒制备成药品后可以溶解血栓；科学工作者制造出一种振幅相同、相位相反的反噪声，抵消了对人类有害的噪声。

【案例4-16】

鲇鱼效应

当渔民捕捞沙丁鱼并运往市场出售时，鱼常常已经死亡，唯有一位老渔民能够出售鲜活的沙丁鱼。别人询问他原因，他总是笑而不答。直到临终前，他才将原因口传给儿子，即只需在沙丁鱼群中放入几条有刺的、好动的、不安分的鲇鱼即可。

原因十分简单，沙丁鱼密集群息，喜欢紧紧靠在一起，喜好安静而不喜欢活动，捕捞后挤在一起会因缺氧而死亡；而鲇鱼，鱼身光滑且有刺，并且好动善钻、不安分，常常使别的鱼不得安宁。因此，只要在沙丁鱼群中放入几条有刺的、好动的、不安分的鲇鱼，就能够解决"沙丁鱼挤在一起因缺氧而死"这个问题，因为沙丁鱼被带动起来活动了。这便是通过以动制静，让沙丁鱼动起来，从而使其存活得更久。神奇的大自然充满了对立统一，鲇鱼和沙丁鱼的习性由于相互相反而产生了转化，共同形成了在存活方面的统一。

两面神思维方法体现出人的主观能动作用，正如卢森堡所说，是在反逻辑、反自然的状态下，个体积极主动地构思对立面或更多方面的关联，而这种能动作用正是辩证的思考过程。

4.7 想象思维与联想思维

4.7.1 想象思维

1. 想象思维的定义

想象思维是人体大脑借助形象化的概括作用，对已有的记忆表象予以加工、改造、重组的一种思维活动。想象思维可以说是形象思维的具体呈现，是人脑借助表象进行加工的最为主要的形式，也是人类进行创新活动的重要基本思维形式之一。

想象思维的基本要素是记忆表象。表象是人脑对外界事物通过形象储存下来的信息（其中涵盖平面的、立体的、有声的、动感的各类画面），是在大脑中留存的客观事物的形象。人们在阅读的时候，大脑中会浮现出文章里展现的各种人物及情景的形象；老朋友相聚闲聊时，从前一同游玩、学习或者工作中的片段情景就会在眼前浮现，仿佛回到过去一般，这些情景便是表象。

相较于知识的丰富，想象力更具智慧。爱因斯坦相对论的诞生便是源于插上想象的翅膀，开启智慧的眼眸。

爱因斯坦对牛顿经典力学中的时空观提出质疑，他觉得牛顿对于空间、时间、引力三者相互关系及其运动规律"永恒不变"的理论存在偏差。他常常感觉似乎有一种新的理论体系能够推翻原有论断，但几乎就要在脑中形成概念时，却又被某个"瓶颈"所阻碍。1895 年，年仅 16 岁的爱因斯坦外出散步登上一座小山，找到一个舒适之处便躺了下来。此时，他仰望天空，开始尽情地想象：倘若能骑在一束光上去旅行，那该多么有趣呢？接着他自问：如果此时在出发地点有一座时钟，从自己所处的位置来看，时间会如何流逝呢？自己能够同时看到过去、现在和未来吗？他不断地想象，灵感也随之涌现，这为他后来的相对论奠定了基础。

爱因斯坦曾说过："想象力远比知识更重要，因为知识是有限的，而想象力囊括着世界上的一切，推动着进步。想象才是知识进化的源泉。"高尔基也说："想象在其本质上也是对于世界的思维。"没有想象，就不可能有诗，也不可能有文学。李白是中国文学史乃至世界文学史上极具影响力的诗人之一，作为一位浪漫主义诗人，想象丰富是他的特质之一。例如，"应是天仙狂醉，乱把白云揉碎""飞流直下三千尺，疑是银河落九天""云想衣裳花想容，春风拂槛露华浓""我寄愁心与明月，随风直到夜郎西"等这些诗歌想象奇妙、精彩至极、堪称惊世之作，令人赞叹不已！试想，如果茅盾没有对白杨树的联想，就不可能有对北方农民乃至中华民族优秀品质的赞扬；若杨朔没有对蜜蜂的想象，就不可能体会到劳动创造美、创造世界的哲理。

2. 想象思维的特征

想象思维具有形象性、概括性、超越性三大特征。

想象思维的基础是事物本身，它具有形象性。人们想象时，必然有一个物体作为原体成为想象的依托，而这个物体也是客观存在的。这个所依托的原体跟想象后发散形成的新事物虽具有一定的相关性，但不一定具有必然的联系。

想象思维实际上是对人脑中已有的众多知识进行概括。它一方面反映出对已知记忆事物的表象，另一方面又对记忆进行抽象、加工和发散，组合成新的物体或原理，从而实现对外部事件的全新总体把握。因此，可以说想象思维具有极为强大的概括性。

想象思维最为重要的是它的超越性。它超越了原有记忆中的事物，形成许多新事物、新思想、新观念，是人类创造发明最集中的体现。

【案例4-17】

胰岛素的发现

1923 年，诺贝尔生理学或医学奖授予加拿大医生弗雷德里克·格兰特·班廷（Banting, Sir Frederick Grant），原因在于胰岛素的发现。班廷与其助手共同发现了能够控制糖尿病的胰岛素。

在当时，糖尿病被视为不治之症，众多医学专家对此展开了大量研究，却始终未能找到有效的控制方法。而胰岛素的发现，实则源于班廷的一个假说与想象。在研究过程中，他观察到糖尿病患者的胰腺暗点比正常人小很多。胰腺中岛屿状的细胞起着将健康身体内部多余糖分转化为热能的作用，而当这些细胞不再发挥此作用时，体内的糖分就会大幅增加。于是他思索，这是不是患者体内糖分成倍增长进而导致糖尿病的原因呢？

经过多次反复试验，班廷成功地发现了治疗糖尿病的有效药物——胰岛素。

4.7.2 联想思维

1. 联想思维的定义

联想思维是指在人脑记忆表象系统当中，由于某种诱因促使不同表象发生联系的一种思维活动。它是由一事物的概念、方法、形象联想到另一事物的概念、方法和形象的心理活动。例如，从一个事物过渡到另一个事物、从表象深入到本质、从一个例子推及其他例子、从红铅笔联想到蓝铅笔…… 看到"润物细无声"这几个字，人们往往会不自觉地念出"好雨知时节，当春乃发生。随风潜入夜，润物细无声"，并想起这首诗的作者唐代大诗人杜甫。

联想可以是概念与概念之间的关联，也可以是方法与方法之间的关联，还可以是形象与形象之间的关联。从下雨联想到潮湿，从烟雾联想到白云，看到狮子联想到猫，这些都是联想。联想的本质在于发现原本被认为没有联系的两个事物（或现象）之间的关联，这不正是创新吗？有一句话说得很恰当："在一定程度上，人与人之间创造力的差异就在于看到同样的事情却产生不同的联想。"主要的思维形式包括幻想、空想、玄想等。其中，幻想，尤其是科学幻想，在人们的创新活动中具有重要的现实意义。

【案例4-18】

棉花和甜瓜

农民科学家吴吉昌，被人们称作"棉花迷"，曾一直为解决"棉花落桃"的问题不断地进行思索。有一日，他在田间看到瓜农在甜瓜刚刚长出两片真叶之时就开始进行打顶操作，于是便询问瓜农缘由。瓜农回应道：这样做既能够促使瓜秧尽早坐瓜、多坐瓜，又可以防止嫩瓜脱落。吴吉昌立刻由甜瓜联想到了棉花，甜瓜与棉花虽然并非同一类事物，但结瓜和结棉花却有着共性。这个方法能不能应用到棉株上呢？吴吉昌立即行动起来，不畏寒暑，坚持进行试验，最终在减少棉花落桃的问题上，取得了意想不到的突破。

善于联想就是要善于把握事物之间本质上的相似之处，从已知的事物推导出未知的事物，进而获得新的认识，产生新的设想。联想是一种跳跃式的信息检索方式，属于非逻辑思维。那么，联想有哪些类型呢？

2. 联想思维的类型

联想思维包含相关联想、相似联想、对比联想这三种类型。

相关联想是指由某一事物联想到与它具有关联的其他方面。例如，从珠笔芯联想到圆珠笔，从风扇联想到空调，从鱼联想到鱼缸，等等。

相似联想是指由于事物之间在性质或者形式上、时间或者空间上具有相似性而引发的联想。例如，人们从鱼想到虾，从树想到森林，因为它们之间存在着某些相似的关系，人工培植牛黄的成功就是一个成功的案例。科研人员发现，牛黄是以牛胆囊中的异物为核心，因周围凝聚了许多胆囊的分泌物而逐渐形成的胆结石。这就让他们联想到了河蚌育珠。由于沙子进入河蚌内，河蚌的分泌物逐渐包裹住沙子而形成了珍珠。由此，他们联想到，如果在牛的胆囊里接种异物会怎么样呢？于是他们用菜牛进行试验，把异物放入菜牛的胆囊中，一年后取出异物，结果与天然牛黄一模一样。

对比联想是指针对性质或特点相反的事物进行的联想。如果两种事物在性质、大小、外观等诸多方面存在相反的特点，人们在认知一种事物时，往往会从反面联想到另外一种事物。例如，由沙漠想到森林，由光明想到黑暗，由小想到大，由下想到上，由短想到长，由近想到远，等等。对比联想容易使人们看到事物的对立面，转换思维方式，进而产生更加巧妙的构想。

3. 联想思维的方法

联想的方法有以下 3 种。

（1）自由联想法，即思维处于不受约束的状态进行联想，能够从多个方面、多种可能性中去探寻问题的答案。

（2）强制联想法，即将思维强制性地固定在一对事物上，并要求针对这对事物产生联想。例如，对花和椅子这两个事物进行强制联想。例如，花→花型→镂花椅子，花→花香→带有花香味的椅子，花→花色→印有花色图案的椅子，等等。原本看似毫无关联的两个事物被强行联系在一起，思维的跳跃幅度较大，能克服已往经验的束缚，产生新的设想或者开发出新产品。

（3）仿生联想法，即通过对生物的生理机能和结构特性进行研究，从而设想创造对象的方法。自然界的生物经过亿万年的优选和演变，存在着人类取之不尽、用之不竭的创新模型。例如，飞机的原型是鸟，飞机夜间安全飞行的原型是蝙蝠，跑步的钉鞋的原型是虎和猫的脚，等等。

【思考与练习】

1. 有九个间距相等的点构成了一个正方形，现在要求用一笔画下来，且仅用四条直线将这九个点全部连接起来（在整个过程中笔不能离开纸面）。

2. 假如你在一个池塘中，仅使用两个空水壶（其容积分别是 5 升和 6 升），要从池塘里取出 3 升水，应该怎么做呢？

3. 尽可能多地写出用"敲"的方法可办成哪些事情？

4. 创新能力水平自我测评

（1）我不人云亦云（　　　）

    ①无　②偶尔　③时有　④经常　⑤总是

（2）我对很多事情喜欢问为什么（　　　）

    ①无　②偶尔　③时有　④经常　⑤总是

（3）我的思维常常没有框架，无拘无束（　　　）

    ①无　②偶尔　③时有　④经常　⑤总是

（4）我能摆脱习惯思维的束缚（　　　）

    ①无　②偶尔　③时有　④经常　⑤总是

（5）我常从别人的谈话中和书本中发现问题（　　　）

    ①无　②偶尔　③时有　④经常　⑤总是

（6）我勇于提出新想法，新建议（　　　）

    ①无　②偶尔　③时有　④经常　⑤总是

（7）我善于观察事物（　　　）

    ①无　②偶尔　③时有　④经常　⑤总是

（8）我的创新欲强（　　　）

    ①无　②偶尔　③时有　④经常　⑤总是

（9）我头脑中记住的东西用时能及时提出来（　　　）

　　　　①无　②偶尔　③时有　④经常　⑤总是

（10）我的求知欲强（　　　）

　　　　①无　②偶尔　③时有　④经常　⑤总是

（11）我不迷信权威（　　　）

　　　　①无　②偶尔　③时有　④经常　⑤总是

（12）我头脑灵活（　　　）

　　　　①无　②偶尔　③时有　④经常　⑤总是

（13）我的想象力丰富（　　　）

　　　　①无　②偶尔　③时有　④经常　⑤总是

（14）我相信自己的创新能力能充分发挥出来（　　　）

　　　　①无　②偶尔　③时有　④经常　⑤总是

（15）我不迷信书本（　　　）

　　　　①无　②偶尔　③时有　④经常　⑤总是

（16）我从创新性工作中获得乐趣（　　　）

　　　　①无　②偶尔　③时有　④经常　⑤总是

（17）我看重事业的成功（　　　）

　　　　①无　②偶尔　③时有　④经常　⑤总是

（18）我的联想能力强（　　　）

　　　　①无　②偶尔　③时有　④经常　⑤总是

（19）我有远大的工作目标（　　　）

　　　　①无　②偶尔　③时有　④经常　⑤总是

（20）我喜欢幻想（　　　）

　　　　①无　②偶尔　③时有　④经常　⑤总是

计分方法为："无"记1分，"偶尔"记2分，"时有"记3分，"经常"记4分，"总是"记5分。最后，把1-20题的记分加在一起，即为总分。

总分如果在80分以上，可视为创新能力水平程度较高；总分在70~79分，可视为创新能力水平程度中等偏上；总分在60~69分，可视为创新能力水平程度中等偏下；总分在60分以下，可视为创新能力水平程度较低。

5　创新设计思维

课程目标：

1. 理解创新设计思维，引导学生深入理解创新设计思维的概念、发展历史及其核心流程。

2. 掌握方法与应用，使学生熟练掌握创新设计思维的方法论，并能将其应用于不同领域的问题解决中。

3. 激发创新热情，通过案例分析和实践练习，激发学生运用创新设计思维开展创新活动的热情和创造力。

主要内容：

1. 创新设计思维基础，介绍创新设计思维的概念、发展历史及核心流程，包括背景理解、人文观察、主题制定等步骤。

2. 创新设计思维应用，阐述创新设计思维在高科技、重工、医药等多个领域的应用，强调其跨界融合的潜力。

3. 落地方法与案例，介绍创新设计思维的三种落地方法（工作坊、培养导师、创建创新文化），并通过案例分析展示其实际应用效果。

【导入案例】

创新设计思维的重要性：亨利·福特与汽车的诞生

在汽车工业的历史长河中，亨利·福特（Henry Ford）无疑是一位举足轻重的人物。他的故事不仅是一段关于个人奋斗与成功的传奇，更是创新设计思维的生动体现。

亨利·福特出生在一个普通的农民家庭，他的父亲希望他能够继承家族的农场事业。然而，小亨利的心中却燃烧着对机械的无限热爱。童年时期，一次偶然的机会让他目睹了蒸汽机车的高效运行，那一刻，他被深深地震撼了。蒸汽机车不依赖马匹就能快速运输的场景，让他坚信机械的力量是无穷无尽的，这也悄然在他心中种下了发明新交通工具的种子。

然而，梦想的道路并非一帆风顺。成年后的亨利·福特遭遇了社会经济的萧条，不得不暂时放下心中的梦想，接手家族的农场生意。但在这段看似平凡的日子里，他的内心从未停止过对新交通工具的探索与思考。他逐渐意识到，随着社会的进步和城市化的发展，传统的马车已经无法满足人们日益增长的出行需求。于是，一个大胆的想法在他心中悄然萌芽，他要设计一种纯机械运转的发动机，驱动一种比火车更小、更灵活的运输工具，让人们能够更便捷地在城际穿梭。

亨利·福特深知，要实现这一梦想，仅凭个人的热情和努力是远远不够的。他必须深入洞察社会的需求和用户的痛点，用创新的思维来引领技术的发展。正如他后来所言："如果我最初问消费者他们想要什么，他们会告诉我'要一匹更快的马'。"这句话深刻地揭示了创新设计思维的核心，即它要求创新设计者不仅要关注用户当前的需求，更要具有前瞻性的眼光，去预见并引导未来的趋势。

在亨利·福特的带领下，他的团队开始了艰苦卓绝的研发工作。他们深入市场一线，与用户进行面对面的交流，收集第一手的需求信息。同时，他们还运用创新设计思维，不断尝试、不断迭代，最终成功发明了汽车这一革命性的交通工具。汽车的诞生不仅极大地改变了人们的出行方式，更推动了整个工业社会的快速发展。

亨利·福特的故事告诉我们，创新设计思维是推动社会进步和产业发展的关键力量。它要求我们在面对问题时，不仅要具备扎实的专业知识和技能，更要拥有开放的心态、敏锐的洞察力和敢于突破常规的勇气。只有这样，才能在激烈的竞争中脱颖而出，创新设计出真正有价值的产品和服务。

5.1 创新设计思维概念

创新设计思维，通常是以最终用户的角色来探索其潜在的需求。从现有挑战和潜在挑战出发，从现状和问题出发，从未来和愿景出发，强调最终客户的体验，将逻辑思维和直觉能力相结合，依靠一整套的设计工具和方法论，进行创新的方案或者服务设计的思维模式。

【案例5-1】

机车座椅的设计

铁路总公司希望机车供应商设计一款舒服、安全的高铁座椅。设计师从设计的角度出发，会考虑形状、质地、材料，以及不同乘客对座位的要求，设计出使乘客满意的车座。而从乘客的角度出发，考虑如何让乘客满意，关注的不仅是座位，还会考虑乘客从查询行程、买票、到达车站或停车场、检票、安检、候车、拖着行李进站台，一直到登上火车和登车后的体验等一系列的流程，如何让乘客满意，并且检查可否减少流程，让乘客尽量方便，减少乘客烦恼等。

【案例5-2】

某酒店的"关键时刻"

某酒店认为客人登记入住是客户进入酒店最重要的时刻，所以在此时给客户提供最佳的服务是客人对酒店有良好印象的开始，也是让客人感受宾至如归的重要时刻。这就要求设计师设计一个登记入住的优质服务。设计师着手进行设计思维的步骤之一，即观察，并进行亲身体验，从机场上车到酒店门童接待，再到登记入住，最后乘电梯进入房间，客人脱下西服，摘掉领带，躺到床上，打开电视，开始休息。观察结果发现，客人对酒店的印象有一个关键时刻，该时刻不是登记入住和门童接待，而是进入房间"舒口气"。在像家一样的环境下，将整个旅程的疲劳在这里"冲洗掉"才是关键，所以设计师在设计时应该将重点放在这"舒口气"时刻，设计出像家的感觉，这一思维模式就是创新设计思维。

5.2　设计思维的发展史

"设计思维"的历史，最早可以追溯到1969年，这一年赫伯特·A.西蒙（HerbertA.Simon）出版了《人工制造的科学》一书。在这本书中，他把设计定义为一种"思维方式"。20世纪80年代，随着人性化设计这一概念的兴起与普及，"设计思维"逐渐被知晓。

20世纪八九十年代，斯坦福的教授、美国著名的设计家罗尔夫·A.法斯特（Rolf.A.Faste）把"设计思维"作为创意活动的一种方式，进行了推广，他在斯坦福大学举办了"斯坦福联合设计项目（也是d.School的前世）"，并一直担任该项目的主管。

1987年，哈佛设计学院的院长彼得·罗（Peter Rowe）出版的《设计思维》一书首次引人注目地使用了"设计思维"这个词语，它为设计师和城市规划者提供了一套实用的解决问题的系统依据。设计思维这个词被正式开始使用。

1991年，大卫·凯利（David Kelley）以设计思维作为其核心思想，创立了IDEO公司，成功实现了"设计思维"的商业化。

2005年，大卫·凯利成立了d.School，即"斯坦福大学哈索·普兰特纳设计研究院"。哈索博士是全球最大的管理软件供应商，即德国著名的SAP公司的创始人之一。研究院获得SAP提供的3 500万美元赞助，由哈索博士和斯坦福大学联合成立。研究院的目标是培养复合型的、以人为本的创新设计师，而不完全是关注设计新产品。研究院人员由各种背景和行业的人员组成，分别来自工程学院、艺术学院、管理学院、医学院、传媒学院、计算机科学学院、社会科学学院、理学院等。

d.School开设设计思维的课程，其主要授课形式为通过让学员尝试分组设计新的产品、服务、流程等过程，进而掌握设计思维模式和实践其方法论。

2007年，哈索博士在德国的波茨坦成立了设计思维学院。致力于跨学科合作模式的探索，并大胆地进行了多项尝试，学院不提供学位教育，也没有自己的学生，学院课程向斯坦福大学的所有研究生开放（学生都有各自的专业背景和基础能力），通过设计思维的广度来加深专业教育的深度。

d.School 的课程采用项目制模式，通过非政府组织和企业获取经费和项目来源，既保证了经费的稳定，又保证了选题的现实性。其课程的教学目标是教会学生"换位思考"，从小处入手，专注于思考人们的真实需求，重新思考各个行业的边界。课程没有固定模式，其形式更接近于项目攻关小组，由 2~5 名教师和不定数量的学生组成，规模和人数以及课程时长依据项目情况不断调整。课程具有极强的实践性，对课程的管理者也提出了极高的要求。由于没有学位教育的要求，d.School 的教学模式不重视一般意义上的系统性，而强调针对性和实用性，回归到了设计的实践属性。

现今，对设计思维的理解和认知，已经引起了相当多的学术界和商业界的关注，其中包括了一系列关于社会问题和全球人文问题的研究，如大气变暖问题、贫困国家的发展问题、非营利组织的发展问题等，全球开始持续进行关于设计思维的专题研讨会。

2004 年，SAP 将这一方法论引入到SAP的董事会，以客户为中心，进行公司战略的调整和产品的研发。2012 年，SAP 成立商业创新部门，面向SAP的战略客户引入设计思维工作坊。近年来，SAP 在大中国区已经和客户共同做了上百场的联合创新设计思维工作坊。

5.3　创新设计思维核心流程

第一步：背景理解

根据某些现状和存在的问题、客户的投诉、企业的投资、大家期待解决的问题，设定需要研究的主题，制订设计方案的范围，对讨论现象的背景进行充分地理解。

第二步：人文观察

通过对研究主题相关的人群进行一系列的观察、探索，完全站在客户的角度，利用同理心，获得第一手和第二手资料，采取亲身体验或者调研的模式，快速了解客户的需求和渴望获得的结果，掌握需要解决主题的现状、存在的问题、客户的期望和自己亲身的体验经历。

第三步：主题制定

对于研究的主题的探讨，了解设计所涉及的范围，站在利益相关者的角度，发现问题的所在，制定要讨论问题的主题或者定义要解决的挑战。

第四步：方案设计

这是最重要的步骤，通过对主题（挑战）的充分了解，对现状及问题的掌握，站在最终用户的角度，利用同理心，采取头脑风暴的模式，构思更多新的想法；再转换角度，站在设计者的角度进行思考。这样既能满足客户的期望，还可以在一些约束条件下获得大胆创新的想法和点子。这是一个迭代循环，包括搜集信息，通过头脑风暴进行创新设计，对创新的想法进行聚类，对聚类进行优化完善，对完善后的聚类进行优先级投票，对方案进行原型设计。进行原型设计时，可利用乐高积木、画草图等任何可以利用的方式设计出直观方案，这是对离散想法的整理、总结，进而获得直观的视觉设计，让大家最直观地了解该设计。原型设计，往往也是一次非常有用的狂野想法的迭代。

第五步：可行性分析

对于在设计阶段制订的创新解决方案，需要研究其方案的可行性，如果方案非常"狂野"，就需要研究实现方案所存在的阻力，要解决这些阻力需要哪些条件，进而了解该方案实现的难易程度。如果想法属于梦想家的点子，就需要将目标进行分解，一步一步去实现，形成该方案的路线图，同时需要了解哪些是现实家的点子，哪些是批评家的点子。

第六步：行动计划

对于设计完成的创新型解决方案，若要让它落地实现，进行推广，实现价值，就必须分配任务，落实方案的行动计划，这里一般包括 5W2H 分析法。

第七步：故事讲述

若要完成设计的创新型方案，就需要对方案的价值进行推广，获得相关人员的认可（如投资公司、客户、管理层），才能实现其真正的价值。

这七个步骤中，又分为三大阶段（3D），包括探索阶段（Desicover，灵感空间）、设计阶段（Design，构思空间）与交付阶段（Deliver，价值空间）。

第一阶段：探索阶段

对探讨现象的背景进行研究，用以人为本的同理心进行观察，通过分析找到需要创新的问题，制定预讨论的主题。

第二阶段：设计阶段

充分收集资料和信息，站在用户的角度，发现他们的痛点、难点、期望，设计解决客户痛点难点的解决方案。刚开始获得的一般是逻辑推理的解决方案，通过右脑的训练，迸发出狂野的点子，获得创新的解决方案，将方案进行完善优化、排列优先级，再通过原型设计进行更进一步的整体迭代，跨越聚类的维度，跨越部门，通过可视化更进一步地进行整体的迭代创新，获得切实可行的创新解决方案。

第三阶段：交付阶段

对方案进行可行性分析，对民主集中获得的创新解决方案安排行动计划，利用演小品、讲故事、角色扮演等模式对创新方案进行汇报和推广。

在创新设计思维的整个七个步骤中，每一个又由三个核心循环组成：观察、思考和执行，或者看、想、做。

【案例5-3】

某公司手推车的设计

1999 年，美国ABC电视台的一集《夜线》栏目——《深潜》，记录了某公司创新设计的秘密武器，在5天内重新设计购物手推车的全过程。这段经典影片和某公司的其他案例至今仍被全球各大商学院应用于MBA课程。

手推车设计项目的团队由项目经理和 12名团队成员构成，项目经理彼德是斯坦福大学工程师，其他 12 名团队成员分别为具有不同专长的人才，其中有 MBA、语言学家、营销专家、心理学家、生理学专家等。产生项目的原因是因为手推车出现一定的问题。第一个问题是每年由手推车导致受伤而到医院就医的人数高达 2.2 万多人，第二个问题就是手推车丢失严重。

在创意过程中，某公司严格要求没有领导和员工之分，没有上下级之分，人人平等，所有的成员都应先到商场亲自体验各种情景下手推车使用中出现的问题，以及获得使用者的期望等一手资料，同时通过制造商和修理商了解建议和意见，与专家进行讨论。专家认为，原来的手推车设计并不安全，也许手推车上的儿童座椅需要改进。他们也发现，人们在购物时不希望离开手推车……当设计团队的所有人员从调查场地返回公司后，他们将获得的第一手资料进行汇报总结，每个小组都要汇报、沟通、分享、演示他们看到的、学到的、掌握的所有信息。

某公司的创新随处可见，他们可以做到统一思想，聚焦主题，鼓励狂野的点子和想法，不批评或者指责别人的观点。因为很多优秀的点子还没有落地，就被批评、指责，会消灭在萌芽阶段，这样将很难创新。在某公司，人们可以在别人的观点之上获得灵感，拓展自己的想法，将其发扬光大。不批评指责别人的观点是很难的事情，一旦发现有人批评别人的观点，他们会摇铃铛警告。

在提出自己的观点和想法时，他们利用非常简单的便签贴，每张便签贴上只写一条想法，且只写关键词，要求不超过 10 个字。写好点子后，将其贴到墙上，这样一来，人人都可以有不受他人影响的想法。大家用紫色的小圆点便签贴标记自己认为好的、比较可行的想法。如果有些想法偏离我们现实太远，就放弃它。有时，主管担心讨论偏离主题，会马上开会强调聚焦主题，要求在限定时间完成任务。当各种改良方案准备就绪后，会马上进行展示。大家的设计方案可谓五花八门，分离式手推车可以将篮子拿出来和放回去；高科技手推车可以让客人避免排长队结账；手推车上可以装上扫描器，客人在放货物时就可以扫描货物的价钱；为小朋友设计了安全座椅，设计可以和商场工作人员远程对话的对讲设备……他们从各个小组的设计方案中选出较好的想法，组合起来实现了最后的原型设计。将所有最好的原型部件组合起来得到了最终的设计方案。

某公司设计的手推车，几乎没有增加成本，但是设计与之前的大不相同。车轮可以旋转 90 度，横向前行，再也不会出现碰到其他物品时无法移动的情景并改变了客户的购物方式。

5.4 创新设计思维应用

5.4.1 创新设计思维适应的领域

创新设计思维可以在诸多领域和行业中应用。目前，在高科技、重工、汽车、医药、航空、零售、机场、餐饮、电商、银行、保险、证券、快销品、农业等领域都有广泛的应用。讨论的主题包括企业的战略制定、战略规划、营销模式、运营流程、产品创新、市场创新、社会公益、教育改革、政府文化、组织转型，等等。

5.4.2 创新设计思维的落地方法

一般情况下，有三种落地的方法，第一，是举办创新设计思维工作坊；第二，是培养企业的创新设计思维导师，让导师带领学员完成企业创新设计思维工作坊或者带领学员完成某项创新设计项目；第三，是创建创新企业的文化，在企业或者组织中通过创新设计思维训练和工作坊，使人人都具有创新设计的思维。

1. 举办创新设计思维工作坊

创新设计思维工作坊的实施方式较为简单，在过程中，参与人员可分为两个角色，分别为导师和设计师。导师在整个过程中带领设计师完成一个主题设计，按照创新设计思维的七个步骤，利用创新设计工具，获得设计主题的创新解决方案、产品、报告或者原型。

在整个设计过程中，参与人员通过实践的方式理解创新设计思维的流程和方法论，以便在组织中进行推广，使创新设计思维变为组织中的一种思维模式和解决问题的工具和方法论。

其过程会按照以下顺序完成。

·简要介绍创新设计思维的概念，让设计小组成员知道什么是创新设计思维，创新设计思维的发展历史。

·通过介绍相关案例让设计小组成员知道创新设计思维最后能获得的成果是什么。

·热身游戏：围绕要解决的问题，让设计小组成员体会到某些哲理，并且起到热 身作用，让每个人积极参与，敢于大胆发言，产生一些狂野的观点和想法。

·采用专门为创新设计思维设计的工具一步一步引导设计小组成员开展对背景的了解问题的分析、观点的收集、观点的分类和观点的优先级划分等。

·运用故事画板，将分类的想法、点子用像连环画一样的形式直观地画出来。

·利用画笔、乐高积木、橡皮泥、电子元器件等道具，汇聚离散的观点，并画出草图，完善直观的原型设计。

·将原型按照故事情节，以讲故事、演小品的方式呈现出来。

2. 培养创新设计思维导师

创新设计思维的导师，不仅要具有对方法论的深刻理解，还需掌握培训组织技巧、选题技能、设计工作坊议程、工具设计使用技能，以及把控工作坊进程的技能。

培养导师创新设计思维的思维模式，培养他们如何设计创新设计思维工作坊，包括事先的调研、主题的确认、主题的理解、采用的工具设计、游戏的采用、道具的准备、参加人员的选择、教室环境的检查，以及整个过程的引导、内容的记录、最后的总结模板等。

3. 创建创新设计思维文化

创新文化由六部分组成：一是具有积极向上的、开放心态的各种不同角色、职业、文化的人；二是掌握快速迭代解决问题的方法；三是具有创新设计的物理空间；四是具有容忍错误的创新制度；五是具有创新项目的投资和高层的投入；六是具有以客户为中心的思维模式。

企业创新文化建设四部曲

（1）建立创新兴趣型企业

（2）建设创新投资型企业

（3）实现创新导入型企业

（4）完成创新广泛型企业

【案例5-4】

早产儿保温袋

很多人都被这样一个视频画面瞬间触动：一个娇小的早产儿被包在名为"拥抱"的简易保温袋里，自由地呼吸。据估计，目前"拥抱"已拯救和帮助了超过15万的婴儿。它的发明者——美籍华裔简·玛丽·陈（Jane Marie Chen），成了著名的慈善家和企业领导者，除众多粉丝和支持者外，还获得了美国总统奥巴马的接见等诸多荣誉。

这项发明原本只是她在d.School的一个学生作业。2008年，她被分配了一个课堂项目，即创制一个可以在农村地区使用的低成本婴儿保育箱。正是这个作业让她树立了一个目标，一个能改变世界的发明。经过资料搜集，她得知了一个惊人的数据：每年全球出生的2000万早产儿和低体重婴儿中，有20％因过瘦无法维持体温而夭折，即便幸存也有很多后遗症。特别是在贫穷地区，当地没有价格昂贵的保育箱，他们大部分因体温过低而死。为保住初生的早产儿，还是学生的她决定，要改变这一切。

执行力超强的她联系计算机系和化学系的同学，快速地组建了一个团队，设计了一个价格仅为传统保育箱价格1%的装置。

她的团队带着原始模型，雄心勃勃地踏上了去印度实践的路上。现实体验远比想象中残酷。她在印度的一个乡村诊所里试图帮助一位母亲保住早产女儿的生命，当时他们发明的保育箱需接通电源，但村子里没有电源。母亲和医生使出浑身解数也只能眼睁睁地看着孩子因无法保温去世。

现实让简·陈团队之前纸上谈兵的设计模型变成了废品。经过实地考察，她意识到真正能帮助发展中国家的救命产品，必须极其方便和便宜。使用者无须医学常识和电源，让产婆和母亲在家里就能操作。

她始终不能忘记那个在眼前逝去的小生命，以及母亲那绝望的眼神。她铭记着："要为像她这样的人设计产品。每放弃一天，就有接近一万个生命失去活着的权利。"团队决心一致："继续干吧，即使推倒一切重新来过。"

为找到最适合的安全材料，她的团队几乎买了所有的婴儿保暖产品，反复地拆装。实验室的窗户上，总是贴满了草纸，大家捧着一个婴儿模型，夜以继日地研讨。

　　简·陈的团队放弃了原有的设计，选定了一种熔点仅有37℃的保暖材料，并将这种材料置于一种形似襁褓的小睡袋中。每加热一次，可以持续温暖新生儿4~6小时，可以保护初生儿度过危险期，最关键的是，其很容易操作。

　　这项设计相当安全，便于携带，造价低廉。其价格仅为传统保温箱的1%，使用过程无需插电，体积小，适用范围广。他们将其命名为"拥抱"。

　　仅在几年里，这款保温袋已经在印度、中国、墨西哥、乌干达等国投入使用，拯救了超过15万个早产儿。而"拥抱"准备在未来拯救上百万，甚至数亿生命。

【思考与练习】

　　1. 创新设计思维的核心理念是什么？请结合本章内容，阐述这一理念在实际问题解决中的应用过程，并给出一个具体实例加以说明。

　　2. 在创新设计思维的过程中，用户需求分析扮演着怎样的角色？请结合本章案例，分析用户需求分析对创新设计成果的影响，并讨论如何进行有效的用户需求分析。

　　3. 创新设计思维如何帮助企业和个人在竞争激烈的市场中脱颖而出？请结合本章内容，分析创新设计思维在提升产品或服务竞争力方面的作用，并讨论个人如何培养创新设计思维。

第二篇

创新工具

6 创新工具

课程目标:

1. 能够理解头脑风暴法、思维导图、六顶思考帽法、奥斯本检核表法、5W2H分析法、SWOT分析法等创新方法的概念与运用原理,并掌握每种方法的操作步骤和应用场景。

2. 能够熟练运用头脑风暴法、思维导图等创新方法,从不同角度梳理思路、激发创意,进而思考问题、分析问题、解决问题。

3. 提高解决问题的能力和积极性,培养创新思维和团队协作精神。

主要内容:

1. 介绍头脑风暴法、思维导图等基本创新工具。

2. 利用奥斯本检核表法、六顶思考帽法等创新工具促进学生多角度思考问题。

3. 使用5W2H分析法进行学生团体项目训练,制订详细的行动计划。

4. 运用SWOT分析法评估学生创新创业活动的优势、劣势、机会和威胁。

5. 向学生介绍人工智能工具,让学生利用AI进行创新创业,开拓思维,增强实战能力。

【导入案例】

水果分拣难题

在广西,有许多水果种植户和水果加工企业。对水果配送企业来说,他们在水果的加工和包装过程中发现,水果分拣消耗人力多、易出错、损耗大。

例如,苹果、梨子等稍显硬质且不容易变质的水果,在分拣时要注意不要有碰损，而葡萄、提子等稍显软质多汁的水果，在分拣时要注意不能有挤压，且在拔除软坏的葡萄时要从枝上剪除，这样既能保持美观又能保存枝干水分。

资金雄厚的大型加工企业投巨资委托科技公司，用机器视觉等多技术融合实现高效精准分拣。小型企业则利用倾斜滑道与挡板制简易装置解决难题。

两种企业都使用了常见的创新方法解决问题，这些创新方法对企业自身及行业发展都有重要意义，并推动行业创新传播。

随着相关创新研究的不断推进，目前已涌现出几十种各异的创新工具，其中较为常用的还包括SWOT分析法、六顶思考帽法，等等。熟练运用创新工具与方法极为关键。不仅有助于紧跟时代的步伐，适应科技的飞速发展和市场的不断变化，还有助于促进产业的升级和转型。

掌握创新工具的使用方法，培养创新思维和能力，增强个人竞争力。创新工具与方法不仅推动了社会的进步，还有助于构建一个以创新为驱动的文化。激发创新精神，推动社会各领域的发展。

6.1 头脑风暴法

6.1.1 头脑风暴法的概念

头脑风暴法来自"头脑风暴"一词，又称智力激励法。1939年，由美国学者亚历克斯·奥斯本（Alex Faickney Osborn）首次提出。1953年，在《创造性想象》（*How to Think Up*）中正式发表。这种方法最初用于广告设计，其核心是充分调动和激发人的创造力和想象力。后来被广泛应用于商业、医学、教育学等各个领域。

头脑风暴法是一种采用小型会议的形式的集体创意方法，旨在集体创意生成技术来促进创新思维和解决问题的方法，它鼓励参与者在轻松、自由的氛围中提出尽可能多的想法，而无需立即对其进行评判，以解决特定问题或挑战。这种通过集思广益激发团队的创造力，帮助找到解决问题的新途径，已经成为最常用的创新方法之一。

奥斯本提出头脑风暴法是为了克服当时工作中普遍存在的思维固化现

象，他希望通过一种新的方式来激发员工的创造力。他认为，通过鼓励自由思考、延迟评判，以及数量优先的原则，可以有效地提高团队的创新能力。

【案例6-1】

头脑风暴经典案例——某公司新功能电器的发明

法国的一家中小型公司拥有约300名员工，主要从事电器产品的生产。

该公司的销售负责人在参加了一次关于激发员工创造力的研讨会后，深受启发，决定在公司内部组建一个创新小组。尽管在实施过程中遭遇了来自公司内部的多重阻力，但他最终还是成功地将一个由约10人组成的小组安排到了一个宁静的乡村旅馆里，以便他们能够在接下来的三天，远离外界的电话和其他干扰，专心致志地进行创新工作。

第一天，通过各种训练，组内人员开始相互认识，他们相互之间的关系逐渐融洽，开始还有人感到惊讶，但很快他们都进入了角色。第二天，他们开始创造力训练，开始涉及智力激励法，以及其它方法。他们要解决的问题有两个，一是发明一种拥有其它产品没有的新功能电器；二是为此新产品命名。在第一、第二两个问题的解决过程中，都用到了智力激励法，但在为新产品命名这一问题的解决过程中，经过两个多小时的热烈讨论后，共为它取了300多个名字，负责人则暂时将这些名字保存起来。第三天，负责人让大家根据记忆，默写出昨天大家提出的名字在300多个名字中，大家记住20多个。负责人又在这20多个名字中筛选了三个大家认为比较可行的名字。再征求顾客意见，最终确定其中之一为产品名字。

新产品一上市，便受到了顾客热烈的欢迎，迅速占领了大部分市场。

6.1.2 头脑风暴法的基本原则

在创新和解决问题的过程中，头脑风暴法是一种被广泛使用的方法。它能够帮助激发团队创造力，找到新的解决方案。下面将详细介绍头脑风暴法的基本原则。

1. 自由联想原则

要求参与者不受传统思维的限制，可以自由地产生联想。即便是看似不切实际的想法，有时候也能够激发出真正的创新灵感。

2. 量中求质原则

要求参与者产生尽可能多的想法。参与者目标要集中，要尽可能多地产生新想法，数量越多越好。参与者要接连不断地发言，一有想法就马上开口发言。

3. 延迟评判原则

在头脑风暴的过程中，暂时不对任何想法进行评判。有时候，一个看似普通的想法可能会在与其他想法结合时变得非常有用。

4. 综合改进原则

鼓励在他人想法的基础上进一步发展和改进。通过集合团队的智慧，创造出更加完善和实用的解决方案。

6.1.3 头脑风暴法的运用步骤

1. 准备阶段

（1）明确主题。明确要讨论的问题或主题，如案例中小型水果加工企业应明确是要解决水果分拣问题。主题应具体、明确，避免模糊不清，要让参与者清楚知道讨论的方向。

（2）确定参与人员。确定主持人。主持人只主持会议，不对大家的想法作评论。同时，主持人需要介绍主题、需解决问题、控制会议时间、会议规则等内容，确保参与者愿意参与到发言中来；确定参与人员。参与头脑风暴的成员，人数在6~12人最好。这些成员应来自不同的背景，包括不同部门、不同专业领域等，以提供不同角度的解决方案；确定记录人员。在头脑风暴过程中，参与者提出的想法或者建议都应有专门人员进行记录，方便会后进行整理、评估。

（3）安排时间和地点。安排合适的时间和地点，保证参与者能够集中精力进行讨论。同时，准备好必要的工具，如白板、笔、便利贴、笔记本等。

2. 热身阶段

在开始头脑风暴前，主持人应保持友好的态度，安排参与者坐到相应的位置上，并介绍头脑风暴的相关规则。同时，通过一些轻松的活动，如播放轻松的音乐、展示一些与主题相关的有趣图片或视频等方式，为参与者营造一个轻松、愉快的环境，使他们能放松身心，减少紧张情绪。

3.头脑风暴阶段

（1）自由发言。鼓励参与者围绕主题畅所欲言，提出各种想法，无论这些想法多么奇特、不切实际都可以。例如，参与者提出像投篮一样扔水果的想法等。在此阶段不允许批评和质疑他人的想法，以保证每个人都能毫无顾虑地表达自身的想法。

（2）记录想法。记录人员记录参与者提出的所有想法，最好是使用白板、海报或者电子文档等方式，让所有参与者都能看到记录过程，方便他们在此基础上进行联想和拓展。

4.筛选评估阶段

（1）分类整理。头脑风暴结束后，要对收集到的想法进行分类整理，形成问题设想清单。

（2）评估可行性。根据一定的标准，如成本、技术难度、实施时间等，对每个想法或每组想法进行评估，筛选出具有实际操作可能性的想法。

5.实施阶段

（1）制订计划。对于筛选出的想法，制订详细的实施计划，包括任务分配、时间进度、资源调配等内容。例如，小型水果加工企业制订制作倾斜滑道和挡板分拣装置的计划。

（2）执行并跟进。按照计划付诸实践，并对实施过程进行跟踪和反馈，及时调整计划，确保达到预期目标。

【案例6-2】

奥斯本头脑风暴法的实践：解决电线积雪危机

某年，美国北方严寒，大雪致电线积雪严重，大跨度电线常被压断，影响通信。多人尝试后均解决无果。

后来，电信公司经理运用奥斯本的头脑风暴法，组织不同专业技术人员参加座谈会，并要求遵守以下原则。

自由联想原则：解放思想、畅所欲言，不用顾虑想法是否离谱；

延迟评判原则：会上不评价他人设想，评判留待会后专人负责；

量中求质原则：鼓励多提设想以保障有高质量方案；

结合改进原则：积极互补，思考将多个设想进行整合完善。

会上大家踊跃发言，有人提出设计电线清雪机、用电热或震荡技术除雪，甚至有人提出乘直升机扫雪。一位工程师受此启发，提出大雪后派直升机沿积雪严重的电线飞行，利用螺旋桨旋转扇落积雪。此设想又引发更多相关联想，在1小时内，10名技术人员共提出90多条新设想。

会后，通过专家论证，认为设计清雪机、电热或震荡除雪虽技术可行，但研发费用高、周期长、难见效。而由于"直升机扫雪"的方案大胆新颖，经现场试验，"直升机扇雪"法效果良好，难题就此巧妙解决。

6.1.4 运用头脑风暴法的注意事项

1. 群体压力与从众心理

当团队中有权威人物或多数人倾向于某个观点时，其他成员可能会受到影响，抑制自己的真实想法。例如，在一个产品设计头脑风暴会议中，公司的资深设计师提出了一个设计方向，年轻的设计师即使有不同意见，但可能因为担心被否定或不想违背权威，而选择附和，这就限制了创意的多样性。当一部分人提出相似的想法并且得到一定认可后，其他参与者可能会不自觉地跟随这种思路。例如，在讨论活动宣传方案时，前面几个人都提出了以社交媒体为主要渠道的宣传方式，后面的人可能就会忽略其他渠道，如线下活动、传统媒体等，使讨论的范围变窄。

2. 创意质量参差不齐

头脑风暴追求创意的数量，这虽然有助于激发各种可能，但也导致大量创意质量不高。同时，由于没有在产生阶段对创意进行筛选，一些明显不符合实际情况的想法也会被提出，干扰讨论的重点。例如，在一场关于改善社区环境的头脑风暴中，可能会产生诸如"在社区每个角落都摆放鲜花""给每栋楼都刷上不同颜色的漆"等比较片面或者难以实施的想法。这些低质量的创意会增加后续筛选评估的工作量。

3. 时间和效率问题

头脑风暴如果没有严格的时间控制和良好的组织，很容易变得冗长低效。例如，在自由讨论阶段，如果没有明确的引导和时间限制，参与者可能会陷入长时间的讨论某个不太重要的细节或者偏离主题的闲聊中。

4. 个人主导与不平等参与

在进行头脑风暴时，某个部门的领导可能会不自觉地主导整个讨论。这样的结果导致其会不自觉地占据大部分的发言时间，让其他人很难有机会表达自己的想法。

6.1.5　头脑风暴法适用的主要问题类型

1. 新产品或服务的开发

（1）产品功能创新。当企业计划推出具有新功能的产品时，头脑风暴法能够帮助企业从不同角度思考创新观点。

（2）服务模式创新。在服务行业，头脑风暴法有助于创造新的服务模式。

2. 营销与品牌推广

（1）广告创意生成。在广告营销领域，头脑风暴法是生成广告创意的有效工具。

（2）品牌形象塑造与传播。可以通过头脑风暴法确定品牌形象定位，并围绕品牌关键词制订传播策略。

3. 流程优化与效率提升

（1）企业内部流程优化。企业在寻求内部流程优化时，头脑风暴法可以发挥重要作用。例如，制造企业可以组织不同部门的员工共同参与头脑风暴，以优化生产流程，提高效率。

（2）服务效率提升。在服务行业，头脑风暴法可以用于改进服务。例如，银行可以组织不同岗位的员工进行头脑风暴，提升客户服务体验。

4. 活动策划与组织

（1）会议活动策划。头脑风暴法能帮助策划团队产生丰富的创意，如确定会议主题、议程安排等。活动策划人员、行业专家和潜在参会者代表等可以参与头脑风暴，并提出建议。

（2）大型活动组织。在大型活动的组织方面，头脑风暴法也大有用处。例如，城市音乐节的组织团队可以通过头脑风暴法规划音乐节的各个环节，为音乐节的成功举办出谋划策。

6.2　思维导图

6.2.1　思维导图的概念

思维导图是表达发散性思维的有效图形思维工具。是将主题关键词与图像、颜色、线条等元素相结合，以非线性方式呈现的思维过程和结果。

托尼·博赞（Tony Buzan）创建思维导图。20世纪60年代，开始兴起对大脑的研究。当时，对于大脑的功能和潜力，人们有了新的认识。大脑被发现具有复杂的神经网络，信息在其中以多种方式相互连接和传递。这种在神经学上的发现为思维导图的产生提供了理论基础。

在学校和工作场景中，人们通常采用一行一行记录信息的方式，即传统的线性笔记。这种方式不能很好地反映大脑思考过程中自然的联想和发散性特点，在一定程度上限制了大脑思维的拓展。

托尼·博赞研究大脑神经元结构时，发现大脑神经元有着复杂的树突和轴突结构，信息在神经元之间通过突触进行传递，呈现出一种从中心向外发散的状态。

托尼·博赞在研究中发现，与单纯的文字相比，有图像和色彩的内容更容易被大脑记忆和理解。例如，在记忆实验中，人们对有色彩和图像辅助的单词记忆效果明显优于纯文字记忆。因此，他在结合大脑的生理结构特点和信息记忆优势的基础上，开始构建思维导图的基本框架。他撰写了一系列关于思维导图的书籍，详细介绍了思维导图的原理、绘制方法和应用场景。思维导图逐渐被应用到教育、商业、科研等各个领域。

现在，随着计算机技术的发展，出现了众多思维导图软件，如MindMaster、百度脑图、EdrawMax等，这些思维导图软件有利于人们的绘制和使用思维导图，进一步推动了思维导图的发展。

6.2.2　思维导图的特点

1.放射性结构

以中心主题为核心，向四周发散出多个分支，每个分支又可进一步发散出下一级分支，形成层次分明、结构清晰的图形，能全面展示事物的各个方面及其相互关系。

2.关键词驱动

分支上使用简洁明了的关键词表达核心内容，避免冗长，突出重点、激发联想，有助于快速把握关键信息，提高思维效率。

3.图像化表达

运用丰富的图像、符号和颜色增强记忆效果。图像和符号能直观表达关键词含义，使思维导图更加生动、有趣，易于理解和记忆，加深印象。

4.整体性和系统性

将复杂信息和思维过程整合，呈现事物的全貌和内在联系，便于从整体上把握问题，进行系统性思考，有助于梳理知识体系、分析问题结构等。

6.2.3　思维导图的基本构成要素

1.中心主题

位于思维导图中心位置，是思维导图的核心和出发点，用较大图像或文字表示，图像要直观反映中心主题内容，如"地球"主题的思维导图，中心位置可画一个地球图像。

2.分支

从中心主题向外发散的分支，代表不同思维方向和主题内容。分为一级分支、二级分支等，级别越高分支越细。一级分支数量一般为3~7个，每个分支用不同颜色表示，并写简洁明了的关键词，如"我的大学生活"的一级分支可包括"学习""社交"等。

3.关键词

是对分支内容的概括和提炼，要准确表达核心意思，具有概括性和启发性，如以"中国"为主题，其下的分支关键词可以有"人口""气候""地形""文化"等。

4. 图像和符号

根据关键词含义可以添加在分支上，增强可视化效果和记忆效果。要简洁明了，直观表达关键词含义。

5. 颜色

给不同分支和关键词涂上不同颜色，区分主题和内容，增加美感和吸引力。

6.2.4　思维导图的绘制规则

1. 纸张和方向

（1）纸张选择。尽量使用较大的白纸，如A4纸或A3纸。提供足够的空间绘制思维导图，避免内容过于拥挤。选择质量较好的纸张，最好选择比较厚实的纸张，这样在绘制过程中不容易损坏，而且便于保存。

（2）纸张方向。横向放置纸张是比较推荐的方式。这是因为横向布局更符合人类眼睛的视觉范围，能够更好地展示思维导图的放射性结构，让各个分支可以更自然地向两边拓展。

2. 中心主题

（1）位置与大小。中心主题应该位于纸张的中心位置，它是整个思维导图的核心，要足够突出，可以用较大的字体、图案或者二者相结合来表示。例如，如果中心主题是"旅游计划"，可以画一个大大的旅行背包或者地球仪的图案，并在上面或旁边写上"旅游计划"这几个字。

（2）图像选择。图像要能够准确地代表中心主题，并且最好是自己熟悉和容易记忆的形象。同时，图像也可以有一定的创意，能够体现个人对主题的理解和感受。

3. 分支绘制

（1）分支形状和长度。从中心主题向外发散的分支形状应该是弯曲的，以便更好地体现思维的流畅性和灵活性。分支的长度要适中，不要过长或过短，能够容纳下一级分支和关键词即可。这样既可以突出中心主题的重要性，同时也符合视觉上的层次感。

（2）分支布局。分支之间要保持一定的间隔，避免相互交叉和重叠。一般来说，相邻的分支可以按照顺时针或逆时针的顺序依次展开，也可以根据主题内容的逻辑关系进行布局，如按照重要性、时间顺序等。

4.关键词使用

（1）简洁性。每个分支上应该使用简洁明了的关键词来代替完整的句子。关键词要能够准确地概括分支所代表的内容，一般是名词或动词短语。

（2）重要性排序。对于同一级分支上的关键词，可以根据重要性或逻辑顺序进行排列。例如，在"会议安排"思维导图的"会议议程"分支下，如果最重要的议题是"项目汇报"，可以将这个关键词放在最前面。

5.图像和符号运用

（1）关联性。在分支上添加的图像和符号要与关键词紧密相关，能够直观地解释或强化关键词的含义。

（2）简洁性和一致性。图像和符号要简单明了，不要过于复杂。同时，在整个思维导图中，图像和符号的风格应尽量保持一致，使思维导图看起来更加和谐、统一。

6.颜色运用

（1）区分作用。通过使用不同的颜色区分不同的分支或主题内容。例如，可以用蓝色表示与学习相关的分支，用绿色表示与生活休闲相关的分支。用颜色进行区分可以帮助大脑更好地对信息进行分类和记忆。

（2）协调性。选择的颜色要相互协调，避免使用过于刺眼或对比度过高的颜色，避免造成视觉疲劳。

6.2.5　思维导图的应用

1.学习方面

（1）课程笔记。以"创新性思维与方法"课程为例，展示如何用思维导图使用创新方法。其中心主题是创新方法，分支可以包括不同方法的名称，如头脑风暴法、六项思考帽法等。每个分支再展开，记录方法的特点、表现、类型、应用。以便更系统地梳理知识，对比不同方法的使用情景。

（2）复习总结。在进行知识复习时，可以采用思维导图的方法，将每个章节的核心主题作为学习的中心点。以"思维导图"章节为例，可以将章节主题设为"思维导图"。一级分支包括定义、特点、构成要素、绘制规则等内容。

在每个主要分支下，可以进一步细化相关的知识点。例如，在"构成要素"下，可以进一步探讨如何选择合适的中心图像，或者如何有效地使用颜色加深记忆。通过这样的层次化结构，迅速把握每个章节的重点，并清晰地理解各个知识点之间的联系。

2. 工作方面

（1）项目规划。假设一个软件开发项目，中心主题为项目名称。分支可以是项目阶段，如需求分析、设计、开发、测试、上线等，每个阶段再展开具体任务、时间节点、责任人。这有助于软件开发项目成员清晰了解整个项目流程，明确自己的职责，把控进度。

（2）会议记录。把会议主题设为中心主题，参会人员、讨论的主要议题等内容设为分支。在议题分支下记录观点、决策、行动方案等内容。例如，会议主题是产品营销策划，分支包括产品定位、目标客户、营销渠道等，方便会后梳理会议要点，跟踪执行情况。

3. 生活方面

（1）旅行计划。以旅行目的地为中心主题，分支有行程安排、交通方式、住宿、美食推荐等。例如，去北京旅行，行程安排分支下可以详细列出第一天去天安门、第二天去万里长城等内容，便于合理规划旅行。

（2）个人目标规划。中心主题是个人的长期目标，如职业晋升。分支可以是短期目标，如技能提升、人脉拓展等，每个短期目标下再细分具体行动，如技能提升，包括学习新软件、参加培训课程等，帮助自己有条理地实现目标。

【案例6-3】

思维导图：大学生创新创业之路

在川南某大学有这样一支学生团队。团队成员来自不同的专业，有教育专业的林悦、计算机专业的陈浩、商科专业的苏瑶和设计专业的张宇。他们怀揣着对创新创业的热忱，决定参与四川省国际大学生创新大赛，探索教育与产业创新融合的新模式。

起初，团队的每个人都有很多想法，每次交流都像是一团乱麻。教育创新涉及课程、教学方法、教育技术等多个方面，产业创新又包括企业合作、人才对接、市场反馈等复杂环节，大家在阐述自己观点的时候，常常偏离了主题，使讨论陷入了僵局。

就在大家一筹莫展的时候，林悦想起她在"创新性思维与方法"课程中接触到了思维导图。她觉得这或许是解决团队困境的一种方法，于是在团队会议上，她向大家介绍了思维导图，并提议用它来梳理项目思路。

他们把大赛主题"教育与产业创新融合"放在中心位置。然后，围绕这个中心，开始拓展分支。

陈浩负责技术相关内容，他先创建了"教育技术应用"分支。在这个分支下，他又细分出"VR技术、AR技术在教育中的应用"和"在线教育平台搭建"等子分支。在描述VR技术、AR技术应用时，他想到可以通过VR技术重现历史场景让学生身临其境地学习历史，或者利用AR技术让学生在现实环境中观察机械的内部构造，进行实践学习。他发现这些技术还可以和企业培训项目相结合，帮助合作企业定制员工培训内容。

苏瑶则专注于产业合作部分，她在"企业合作模式"分支下，详细列出了"人才订单培养"和"产学研合作项目"。在思考人才订单培养时，她结合教育专业同学提出的课程设计，想到可以根据企业需求设计定制化的课程体系和培养计划，如与科技企业合作培养具有特定编程技能和创新思维的软件工程师。同时，在产学研合作项目中，她利用思维导图，看到了和不同类型企业合作的可能性，从制造企业的新材料研发到互联网企业的教育平台算法优化，一幅清晰的合作画卷在她眼前展开。

林悦和张宇在"教育创新模块"共同发力。他们从课程设计入手，创建了"跨学科课程开发"和"实践课程强化"分支。在跨学科课程开发中，他们将科技、人文、艺术等学科融合，如设计一门"科技与艺术创新课程"，让学生学会用艺术的思维展现科技成果，同时在实践课程强化分支中，提出与企业共建实习基地和实验室的想法。在设计课程时，张宇还能通过思维导图将自己的设计理念与教育目标、产业需求更好地结合起来，如设计一个具有科技感和教育氛围的在线教育平台界面，或者为线下实践课程设计富有创意的教具。

随着思维导图的不断完善，各个环节之间的联系变得清晰可见，不同专业背景的成员之间的沟通也变得更加顺畅高效。

6.3　六项思考帽法

6.3.1　六项思考帽法的起源和发展

20世纪后期，社会变化节奏加快、信息爆炸，传统的、单一的线性思维方式难以应对复杂多变的情况。在企业管理、教育、科研等诸多领域，人们迫切需要一种能够提升团队思考效率、激发创新思维并且避免思维混乱和冲突的思考方法。

爱德华·德·波诺（Edward de Bono）基于大脑的自然思考过程，认为大脑会在不同的思维模式之间进行切换，可以明确地定义这些思维模式并赋予它们形象的"帽子"，从而帮助人们更加系统地思考。1985年，他提出了六项思考帽的概念。

随着教育理念更新，六项思考帽法也被翻译成多种语言，在全球广泛推广，为不同行业、不同文化背景的人提供思考问题的有力工具，促进不同领域和文化间的沟通协作。

6.3.2　六项思考帽颜色的含义与作用

1. 白色思考帽

代表中立、客观。像一位严谨的科学家，只关注客观事实和数据，不掺杂个人情感和主观判断。在思考过程的开始阶段，用于收集信息，如市场调研数据、产品性能指标、事件发生的背景等。在企业制订新产品营销策略时，戴上白色思考帽就需要考虑市场规模有多大、消费者年龄分布、竞争对手产品价格等实际数据。

2. 红色思考帽

代表情感、直觉。体现的是人们的感受、情绪和直觉反应。用于快速表达对事物的第一感觉，如喜欢或不喜欢，乐观或担忧等情绪。这有助于团队成员了解彼此的情感倾向，在思考过程中考虑到情绪因素的影响。

3. 黑色思考帽

代表谨慎、负面。关注的是事物的缺点、潜在的风险、可能出现的问题，以及为什么某些事情行不通。在思考过程中，用于风险评估和问题发现，避免盲目乐观，确保在实施方案前能够充分考虑到各种不利因素，从而提前做好应对准备。

4. 黄色思考帽

代表积极、乐观。展现的是积极向上的一面，侧重发现事物的优点、价值、机会和可行性。用于激发创意和寻找机会，在面对困难和挑战时，帮助团队成员保持乐观的心态，是他们看到希望和可能性，进而推动思考向积极方向发展。

5. 绿色思考帽

代表创新、创造。鼓励人们提出新的想法、创意、可能性和解决方案，挣脱传统思维的束缚。例如，在改善公司的工作流程时，绿色思考帽可以促使人们思考采用全新的软件系统、重新安排工作顺序或者引入新的合作模式等创新方法。

6. 蓝色思考帽

代表控制、组织。是思考过程中的"指挥官"，负责对思考过程进行管理和调控，决定思考的方向、顺序，以及每顶帽子的使用时机。在思考的全过程发挥组织和引导作用，确保思考有序、高效地进行，避免混乱和偏离主题，使团队成员能够充分发挥各顶帽子的功能。

【案例6-4】

六项思考帽的应用——新产品研发

一家知名的饮料公司想要推出一款全新的健康饮品，以满足消费者对健康和美味的双重需求，并扩大市场份额。公司组织了跨部门团队共同商讨新产品的研发事宜。并采用了六项思考帽法。其应用如下。

1. 白色思考帽

研发部成员介绍目前原材料的成本数据、行业数据、主要竞争对手的市场占有率和产品特点等客观情况。

2. 红色思考帽

销售部成员认为这款健康饮品应该是那种让人喝了之后感觉活力满满、心情愉悦的。就像在炎热的夏天喝到一口清凉的饮料，瞬间能让人联想到阳光、沙滩，有一种很快乐的感觉。而且这款产品的包装应该是色彩鲜艳的，能够吸引消费者目光，名字也要朗朗上口，让人一听就想尝试。

3. 黑色思考帽

财务部成员从原料采购到新配方的研发测试，再到包装设计和市场推广的预算提出问题。如果市场反应不好，这些成本很难收回。此外，使用高端的天然原料会导致成本上升，可能会影响产品的定价和利润空间。

客服部成员提出如果宣传的健康功能没有达到消费者的预期，很可能会导致大量的投诉，这会对品牌形象造成损害。而且新口味的接受程度难以预测，很可能不符合大众口味。

4. 黄色思考帽

市场部成员表示，从积极的方面看，健康饮品是市场的大趋势。如果能够成功推出这款产品，并且获得消费者的认可，不仅可以增加产品线，还能吸引更多注重健康的消费者，提升品牌在健康领域的形象。

5. 绿色思考帽

研发部成员，提出可以尝试将一些具有异国风味的水果和传统的养生食材相结合，创造出全新的口味。也可以设计一种可回收、环保的包装，并设计互动元素，如扫描二维码可以看到饮品的制作过程或者健康小贴士，增加消费者的参与感。

6.蓝色思考帽

项目负责人对整个讨论进行梳理和总结。决定先对研发部成员提出的新口味组合进行小范围的消费者测试，同时让市场部成员和销售部成员制订初步的推广和销售渠道拓展计划。安排财务部成员重新评估预算，确保成本在可控范围内。并且要求客服部成员建立消费者反馈机制，以便及时调整产品和服务。项目负责人制订了详细的时间表和责任分工，确保新产品研发项目能够顺利进行。

6.3.3　六顶思考帽法的运用

1.明确使用目的

六顶思考帽法主要用于团队讨论或者个人思考复杂问题，确保思考的全面性和系统性。例如，在企业战略规划、产品研发、项目管理等场景中，避免思考片面或陷入无意义的争论。

2.按顺序使用

虽然没有固定的顺序，但一般先从白色思考帽开始。例如，在讨论一个新产品的开发时，白色思考帽先了解市场上同类产品的情况、消费者需求数据等。红色思考帽让成员表达情绪和直觉，了解大家对这个产品初步的感性认识。黑色思考帽找出潜在问题和风险，如开发新产品可能遇到的技术难题、资金不足等情况。黄色思考帽挖掘积极因素，像新产品可能带来的新市场、品牌形象提升等好处。绿色思考帽激发创新性思维，提出新颖的产品功能、营销方式等。蓝色思考帽进行总结归纳，梳理思路，确定下一步行动方案。

3.全员参与和角色转换

在团队应用中，确保每个成员都参与到思考过程中，并且能够灵活转换角色，即戴上不同的帽子。例如，在一个营销方案讨论过程中，不能让部分人一直进行批判，使其他人没有机会表达积极观点。

4.控制时间和节奏

需要合理控制每顶帽子的思考时间。如果在黑色思考帽阶段花费过多时间，可能会导致整个团队氛围过于消极，打击创新积极性。例如，对于一个相对简单的问题，每顶帽子可以安排5~10分钟的思考时间；对于复杂问题，时间可以适当延长，但也要避免过长时间的讨论导致偏离主题或者效率低下。

5. 避免混淆帽子的功能

团队成员要清楚每顶帽子的含义，在思考过程中不要混淆。例如，在白色思考帽阶段，只说事实和数据，不能掺杂个人情绪或者提出未经证实的想法。

6. 记录和总结思考成果

在思考过程中，要及时记录每顶帽子阶段的重要观点和想法。在最后总结归纳时，可以依据这些记录梳理完整的思考成果，为后续的决策或行动提供清晰的参考依据。例如，可以通过在白板上记录、使用思维导图软件等方式记录。

6.3.4 六顶思考帽法的优缺点

1. 六顶思考帽法的优点

（1）培养全面思维，突破思维定式。六顶思考帽代表了六种不同的思维模式，分别是事实与数据、情感与直觉、风险与批判、优势与机会、创新与创意、管理与协调。它促使人们从多个维度思考问题，防止人们片面地看待事物，进而使人们得出的结论更具全面性与准确性。六顶思考帽法要求人们在不同思维模式间进行转换，这有利于突破个人的思维定式，提升人们应对复杂情况的能力。

（2）提高思考效率，快速聚焦问题。在团队讨论中，成员之间常常因为观点不同而产生争论，这种争论有时会陷入情绪化和无意义的争吵，浪费大量的时间和精力。而六顶思考帽法为团队提供了一种思考框架，让成员按照不同的帽子顺序进行思考和发言，避免了不必要的争论，使讨论更加有序和高效。通过明确每顶帽子的思考方向，人们可以快速地将注意力集中在特定的方面，对问题展开深入的探讨。

（3）增强团队协作，发挥成员优势。团队成员使用六顶思考帽法，能够确保大家在同一时间内朝着同一个方向思考，避免了思维的发散。这种统一的思考方式有助于团队成员更好地理解彼此的观点，提高沟通和协作的效果。

（4）促进创新思维，激发创意产生。绿色思考帽代表着创新和创意。专门的创新思考阶段能够鼓励人们突破传统的思维模式，大胆地提出新的想法和观点。这种对创新的强调有助于激发团队的创新潜力，推动新的解决方案和产品的产生。

【案例6-5】

公司决策会议

一家公司正在考虑是否实施四天工作制。这个决策涉及员工的福利、公司的生产力和成本等多个方面。由于每个人都有自己的立场，讨论变得非常复杂，各方都抛出很多想法，且都无法说服对方。

蓝色思考帽：明确了会议的目标和议程，确保讨论的效率和方向。

白色思考帽：提供与四天工作制相关的客观事实和数据，如其他国家或公司实施四天工作制的案例、员工满意度调查结果等。

黄色思考帽：从积极的角度考虑四天工作制可能带来的好处，如提高员工满意度、增加工作效率等。

黑色思考帽：关注实施四天工作制可能带来的风险和问题，如生产力下降、客户服务受影响等。

绿色思考帽：在识别了潜在的问题后，团队被鼓励提出创新的解决方案克服这些挑战，如通过技术提高工作效率，或者调整工作流程以适应新的工作制度。

红色思考帽：表达他们对四天工作制的个人感受和直觉，这有助于理解团队成员的情感反应和价值观。

2. 六顶思考帽法的缺点

（1）思考过程僵化。虽然六顶思考帽法可以根据具体情况调整帽子的使用顺序，但在实际应用中，人们可能会过于依赖固定的顺序，进而导致思考过程变得机械和僵化。同时，很难准确地把握每个阶段的时间，可能会出现某个阶段时间过长或过短的情况，影响思考的效果。

（2）缺乏深度思考。六顶思考帽法强调的是快速切换思维模式，以便从多个角度看待问题。但这种快速切换可能导致对每个问题的思考不够深入，只停留在表面的分析上。六顶思考帽法将问题简单地划分为六个方面进行思考，可能会忽视六个方面之间复杂的关系，导致对问题的理解不够全面和深入。

（3）应用场景有限。六顶思考帽法在团队讨论和决策中具有较大的优势，但对于个人的独立思考和决策，其效果可能会受到一定的限制。个人在思考问题时，往往需要更加深入地思考和分析，而六顶思考帽法的快速切换思维模式可能会干扰个人的思考过程，影响决策的质量。

（4）对使用者要求较高。要正确地使用六顶思考帽法，需要使用者对每顶帽子的含义、作用和思考方式有深入的理解和掌握。此外，还需要具备开放的心态和较强的思维能力，能够在不同的思维模式之间自由切换，并且能够客观地看待问题的各个方面。如果使用者对方法的理解不够准确，可能会出现偏差，影响结果的可靠性。

6.4　奥斯本检核表法

6.4.1　奥斯本检核表法的起源

1941年，美国学者亚历克斯·奥斯本（Alex Faickney Osborn）在专著《创造性想象》书中提出奥斯本检核表法。奥斯本也被称为创造学和创造工程之父。

在日常生活和工作中，人们往往会形成固定的思维模式，对事物的看法和处理方式具有一定的习惯性和保守性。奥斯本检核表法强制人们按照一定的问题框架去思考，打破惰性思维，激发人们的创造力和想象力。通过对每个问题的逐一思考和回答，人们能够跳出原有的思维框架，发现一些平时忽视的问题和潜在的创新点。

奥斯本检核表法的核心是改进，也就是通过现有事物的变化激发新的思路和方案。这种改进并非局限于对原有事物的小修小补，而是从多个角度对其进行审视和思考，寻找突破和创新的可能性。例如，对一个产品，不仅可以思考其功能上的改进，还可以从形状、颜色、材质等方面进行改进，从而使其更符合市场需求或用户的使用习惯。

6.4.2　奥斯本检核表法的内容

奥斯本检核表法从不同的维度引导人们思考，包括有无其他用途、能否借用、能否改变、能否扩大、能否缩小、能否代用、能否重新调整、能否颠倒、能否组合等9类检核项目，具体见表6-1。每个检核项目又可以进一步细分出多个具体的问题，这些问题涵盖了事物的各个属性和可能的变化方向，能够帮助人们全面、系统地思考问题。它的原理就像一把神奇的多面棱镜，能从不同角度折射出创新的光芒。像一张精心编织的思维之网，挣脱思维的枷锁，引导人们摆脱惯性，挖掘事物潜在的创新可能，为创新之路照亮方向。例如，"能否扩大"这一方向可以引导人们思考产品的使用范围、功能等方面的扩大可能性；"能否缩小"则促使人们考虑产品的体积、重量等方面的缩小空间。

表6-1　奥斯本检核表

序号	检核项目	具体提问内容
1	有无其他用途	思考现有的发明、事物除本身已有的用途外，是否存在新的用途；保持原状不变能否扩大用途；稍加改变后，是否会有别的用途
2	能否借用	包括能否从别处得到启发、能否借用别处的经验或发明、外界有无相似的想法可借鉴、过去有无类似的东西可模仿、谁的东西可供模仿、现有的发明能否引入其他的创造性设想等
3	能否改变	考虑现有的发明或事物是否可以在形状、颜色、音响、味道、意义、型号、模具、运动形式等方面作出改变，以及改变之后的效果如何
4	能否扩大	探索现有的发明或事物能否扩大使用范围、增加一些功能或部件，拉长时间、增加长度、提高强度、延长使用寿命、提高价值、加快转速等
5	能否缩小	思考现在的发明或事物能否缩小体积、减轻重量、降低高度、压缩、变薄等，以及能否进一步细分
6	能否代用	分析是否可以用别的材料、零件、方法、工艺、能源等代替；是否可以选取其他地点
7	能否调整	即能否更换一下先后顺序，调换元件、部件，使用其他型号，改成另一种安排方式，对换原因与结果的位置，变换日程等
8	能否颠倒	从相反方向思考问题，如上下、左右、前后、里外、正反是否可以对换位置，能否用否定代替肯定等
9	能否组合	能否将现有发明或事物与其他东西进行组合，如能否装配成一个系统，能否把目的进行组合，能否将各种想法进行综合，能否把各种部件进行组合等

奥斯本检核表法提供了一个通用的思考框架，在实际应用中，需要结合具体的知识经验和改进对象进行思考。不同的领域和问题具有不同的特点和需

求，只有将奥斯本检核表法与具体的实际情况相结合，才能产生更有价值的创新思路和解决方案。

6.4.3 奥斯本检核表法的应用

1. 有无其他用途

思考现有的发明、事物除本身已有的用途外，是否存在新的用途；保持原状不变能否扩大用途；稍加改变后，是否会有别的用途。

我们常常会发现，很多东西在我们的印象里只有一种或几种固定的用途。但实际上，就像我们身边的各种物品，它们可能有着我们意想不到的其他用途。

日本一家公司将妇女烫发用的电吹风用于烘干被褥，发明了被褥烘干机。最初，电吹风的主要用途是吹干头发，经过思考，它被用于烘干被褥。

花生除作为食物直接食用外，还可用于制作油料、饲料、糕点馅料等，甚至花生壳还可以用于制作生物燃料或作为土壤改良剂。德国有人甚至想出了300种利用花生的实用方法。

原本用于建筑的钢筋材料，在经过加工改造后，可以用于制作一些特殊的艺术装饰品或家具构件，如钢筋焊接的艺术摆件、钢筋制成的桌椅框架等。

2. 能否借用

包括能否从别处得到启发、能否借用别处的经验或发明、外界有无相似的想法可借鉴、过去有无类似的东西可模仿、谁的东西可供模仿、现有的发明能否引入其他的创造性设想等。

在生活和学习中，人们经常会遇到新的问题产生。有时候，答案可能并不在人们熟悉的范围内。人们可以从其他已经存在的事物或者领域中获取灵感。这就是奥斯本检核表法中"能否借用"这一奇妙的思维方向。

例如，泌尿科医生在治疗肾结石时引入了微爆破技术，而这项技术原本属于工程领域，用于岩石破碎等施工工作。泌尿科医生巧妙地将其原理应用于医学领域，成功攻克了肾结石治疗这一难题。

而飞机机翼的设计，它借鉴了鸟类翅膀的形状和结构原理。鸟类翅膀独特的形态与结构能在其飞行时产生足够的升力。飞机机翼借用这些特点，具备了在空中飞行的能力。

建筑行业的膜结构建筑同样是借用的成果。帐篷作为一种简单的临时建筑，依靠柔性膜材料和支撑结构搭建，具有轻便、易搭建的特性。膜结构建筑借鉴帐篷的结构形式，运用高强度的膜材料和合理的支撑结构，造出大型且造型独特的建筑。

3. 能否改变

考虑现有的发明或事物是否可以在形状、颜色、音响、味道、意义、型号、模具、运动形式等方面作出改变，以及改变之后的效果如何。

世界是在不断变化的。如果我们试着对现有的东西进行一些改变，无论是它的外观、制作方式，还是其他一些特性，可能都会产生新的东西。

汽车的外形设计在不断变化，从最初的箱型车身到流线型车身，再到现在的各种个性化、多元化的车身形状。例如，SUV车型的车身较高、底盘较高，具有较强的通过性和空间优势；而轿跑车型的车身更加低矮、流畅，具有更好的运动性能和视觉美感。

传统的陶瓷制造主要采用手工制作或半机械化生产方式，生产效率较低、产品质量也不稳定。随着科技的发展，现在的陶瓷生产可以采用3D打印技术，根据设计模型快速、精确地制造出各种复杂形状的陶瓷制品，不仅提高了生产效率，还可以实现个性化定制。

在音响设备的发展过程中，不断改进音响的发声单元、箱体结构等，改进音响的音质和音效。例如，一些高端音响品牌采用特殊的材料和设计，使音响能够发出更加逼真、清晰的声音，给用户带来更好的听觉体验。

在食品行业中，通过改变食品的配方和加工工艺，可以改变食品的味道。例如，巧克力制造商通过调整巧克力中可可粉、糖、牛奶等成分的比例，生产出了不同口味的巧克力，有黑巧克力、牛奶巧克力等。

4. 能否扩大

探索现有的发明或事物能否扩大使用范围、增加一些功能或部件，拉长时间、增加长度、提高强度、延长使用寿命、提高价值、加快转速等。

在材料应用方面，玻璃最初主要应用于建筑的窗户、镜子等。通过在两块玻璃中间加入某些材料，制成一种防震、防碎、防弹的新型玻璃，扩大了玻璃的应用范围，使其可以应用于银行柜台、防弹车辆等特殊场所。

牙膏最初的功能只是清洁牙齿，后来人们在牙膏中掺入某些药物，使牙膏具有治疗口腔疾病的功效，增加了牙膏的功能和扩大了使用场景、如脱敏牙膏、防龋齿牙膏、消炎牙膏等。

雨伞最初只是用来遮雨，后来经过改进和扩大功能，出现了既能遮雨又能防晒的晴雨两用伞，并且在伞的结构上也进行了创新，如增加了防风功能、自动开合功能等，提高了雨伞的实用性和便利性。

5. 能否缩小

思考现在的发明或事物能否缩小体积、减轻重量、降低高度、压缩、变薄等，以及能否进一步细分。

最初发明的电视机、电子计算机等设备，不仅体积庞大，而且结构复杂。随着科技的持续进步，这类设备的体积逐渐缩小，袖珍式收音机、微型计算机、小型平板电脑等应运而生，为人们的携带和使用提供了极大便利。以计算机为例，早期的台式电脑体积巨大，占据大量空间，而现今的笔记本电脑、掌上电脑等小巧精致，性能也在不断提高。

自行车最初的设计较为笨重，但经过持续不断地改进，发明了折叠自行车。这种自行车在折叠后体积很小，便于携带和存放，人们可以带着它乘坐地铁、公交车等交通工具，能够在不同场景便捷使用。

传统的衣柜、书架等家具通常体积较大，占用较多空间。现今，一些可拆装、可折叠的衣柜和书架出现了，在不需要使用的时候，将它们折装、折叠，既能节省空间，又方便搬运和储存。

6. 能否代用

分析是否可以用别的材料、零件、方法、工艺、能源等代替；是否可以选取其他地点。

黄金是一种贵金属，价值昂贵。人们用其他金属代替黄金制作镀金手表，使其外观上与黄金手表相似，制作成本大大降低。

随着人们环保意识的提高和新能源技术的发展，汽车行业逐渐用电动汽车代替传统的燃油汽车作为动力源，减少了对石油等传统能源的依赖，降低了尾气排放对环境的污染。

一些机械设备的零部件在维修或更换时，如果难以获取原厂配件或价格昂贵，可以使用性能相近的其他品牌或型号的零部件进行代用。例如，打印机的墨盒，一些通用型墨盒可以代替原厂墨盒使用，虽然在打印质量上可能略有差异，但能够满足基本的打印需求，并且价格更加便宜。

7. 能否调整

即能否更换一下先后顺序，调换元件、部件，使用其他型号，改成另一种安排方式，对换原因与结果的位置，变换日程等。

生活恰似一场拼图游戏，有时改变拼图的顺序或方式，就能呈现出截然不同的画面。在发明与创造领域也是如此，适当调整，或许会收获意想不到的惊喜。

以银行服务模式为例，其从最初以柜台服务为主，逐步调整为柜台服务与自助服务、网上银行服务、手机银行服务相结合的服务模式。这种调整方便了客户随时随地办理业务，进而提高了服务效率和客户满意度。

企业的生产流程也是如此。某些汽车制造企业对生产方式进行改进，将原来的流水线生产方式调整为模块化生产方式，即先把汽车各个部件进行模块化组装，再完成整车组装。通过对生产流程的改进，不仅缩短了生产周期，还提高了生产效率。

传统门锁依靠钥匙插入锁芯开锁，如今的智能门锁对开锁方式进行了重新设计，采用指纹识别、密码输入、人脸识别等方式开锁，提高了门锁的安全性和便利性。

8. 能否颠倒

从相反方向思考问题，如上下、左右、前后、里外、正反是否可以对换位置，能否用否定代替肯定等。

有一种颠倒使用的风扇，即空气循环扇，它不是直接对着人吹，而是通过将空气从后面吸入，然后向前吹出，形成空气循环，使室内空气更加流通，达到更好的降温或加热效果。

吸尘器的工作原理是通过电机产生吸力，将灰尘等杂物吸入吸尘器内部。但是有一种颠倒使用的清洁工具，即吹尘器，它是通过电机产生的风力将灰尘等杂物吹走，适用于一些不方便使用吸尘器的场合，如清理电脑键盘、电器设备内部的灰尘等。

9. 能否组合

能否将现有发明或事物与其他东西进行组合，如能否装配成一个系统，能否把目的进行组合，能否将各种想法进行综合，能否把各种部件进行组合等。

在创新的过程中，把不同的东西组合在一起，能产生意想不到的效果。就像不同的小伙伴合作能完成更厉害的任务一样。

以文具为例，现在有很多橡皮头铅笔，它将铅笔和橡皮巧妙地组合起来，让人们在书写过程中能随时修改错误。除此之外，还有不少文具也运用了这种功能组合的方式，像带刻度的直尺铅笔、带计算器的文具盒等，都为使用者带来了便利。

此外，把不同材料进行组合也能产生具有新性能的产品。例如，碳纤维和树脂材料组合后制成的碳纤维复合材料，拥有重量轻、强度高、耐腐蚀等优点，广泛应用在航空航天、汽车制造、体育器材等领域。

智能手机不仅具备通话、发短信这些基本通信功能，还融合了通信技术、计算机技术、摄影技术、传感器等技术，能满足人们拍照、上网、玩游戏、导航等多样化需求。

6.5 5W2H分析法

6.5.1 5W2H分析法的内涵

在探索问题、分析事物的过程中，有一个神奇的方法能帮助人们从各个维度照亮思维的盲区。它是一种通过七个方面的提问全面、系统地分析问题和事物的思考方法。是一种简单而实用的思考方法。

这种分析方法被称为5W2H分析法，其名称主要源于由7个英文单词构成的提问框架。这7个单词中，有5个是以"W"开头的，分别是What、Why、Who、When、Where，另外2个是以"H"开头的，即How、How much。因此，用"5W2H"来命名这个方法。

6.5.2　5W2H分析法的内容

5W2H分析法是一种通过七个问题进行全面、系统地分析问题和事物的思考方法。

1. What（是什么）

用于明确事物的本质，如在分析一个产品时，要确定这个产品的功能、特性、构成部分等。如果是一个项目，就需要明确这个项目的内容、目标、成果等具体细节。

2. Why（为什么）

主要是探究事物存在的原因。例如，为什么要开发这个产品、为什么要采用这种方式完成项目，这有助于挖掘事物背后的动机和目的。

3. Who（谁）

是对主体相关的提问。包括谁来做这件事、谁是这个产品的用户、谁是利益相关者。在项目或活动场景下，明确参与其中的各种角色，如负责人、执行者、监督者等。

4. When（何时）

侧重时间方面的思考。例如，什么时候开始、什么时候完成，如果是一个产品，什么时候进入市场。对于活动而言，是各项活动环节的具体时间安排。

5. Where（何处）

主要考虑地点相关的内容。例如，在哪里做这件事，产品在哪里生产、销售，如果是服务，在哪里提供服务。

6. How（怎么做）

关注的是方法和手段。即这件事怎么做，产品怎么生产、怎么使用，如果是一个实验，就涉及实验步骤是怎样的，需要什么工具和材料等。

7. How much（多少）

涉及数量和程度相关的问题。例如，要花费多少时间、金钱、精力，产品的产量是多少、价格是多少、成本是多少、利润是多少等。

【案例6-7】

水润智慧——智能水瓶的传奇

问题的发现

杰克是一位忙碌的软件工程师,他常常因为沉浸在代码中而忘记饮水。他意识到,像他一样,许多办公室工作者都会因为工作繁忙而忘记饮水,这可能导致健康问题。于是杰克决定开发一款产品,帮助人们养成更好的饮水习惯。

时机与地点

杰克开始思考,这款产品应该在何时何地提醒人们喝水。他决定,这款产品应该在办公室、健身房和旅途中都能使用。

创新构想

杰克构想了一个智能水瓶,它不仅能够追踪用户的饮水量,还能在用户需要饮水时提醒他们。他将这个想法分享给了他的团队,他们决定将这个产品命名为"水润智慧"。

实现方法

杰克的团队开始着手实现这个构想。他们设计了一个带有传感器和显示屏的智能水瓶,能通过蓝牙与手机应用同步。水瓶能够监测用户的饮水量,并在用户长时间未饮水时通过应用发出提醒。

成本与效益

在开发过程中,杰克也考虑了成本问题。他设定了一个目标,让每个用户每天至少喝8杯水,约2升。他们通过精确的传感器和算法,确保水瓶的提醒系统既经济又高效。

原型与测试

经过几个月的努力,杰克的团队制作出了智能水瓶的原型。他们在目标用户群体中进行了测试,收集用户反馈并不断优化产品。测试结果显示,使用智能水瓶的用户饮水量显著增加。

市场推广与成功

杰克通过社交媒体和健康博客推广"水润智慧",强调其健康益处和便捷性。产品一经推出,就受到了目标用户群体的热烈欢迎。它不仅帮助用户养成了更好的饮水习惯，还通过数据分析帮助他们更好地了解个人的饮水需求。

扩展与未来

随着产品口碑逐渐传播开来，杰克所在的公司迅速在市场中占据了一席之地。之后，他们对产品进行了进一步开发，为智能水瓶增添了社交功能。通过这一功能，用户可以轻松分享自己的饮水成就，这极大地增加了产品的互动性与趣味性，让用户在使用过程中有了更多的参与感。

不仅如此，他们还积极与健康品牌展开合作，为用户提供定制化的饮水计划。这种个性化的服务满足了不同用户的需求，使产品在市场上更具竞争力，进一步扩大了产品的市场影响力。

6.6 SWOT 分析法

6.6.1 SWOT 分析法的概念

SWOT 分析法又称态势分析法，由美国旧金山大学管理学教授海因茨·韦里克（Heinz Weihrich）提出的，其能对一个单元或单位的现实情况进行客观且准确地分析和研究。

SWOT 分析法的核心要点是，综合考虑研究对象的优势（Strengths）、劣势（Weaknesses）、机会（Opportunities）、威胁（Threats）等因素，其中，优势和劣势属于内部因素，是组织自身所具备的积极和消极方面；机会和威胁则是外部因素，是由竞争者行为、市场变化、宏观环境及相关产业环境因素等引发。优势包括有利的竞争环境、充足的财务支持、良好的品牌形象、先进的技术实力、规模效应、优质的产品、较高的市场占有率等。劣势包括设备老化、管理不善、缺乏关键技术、研发滞后、资金不足等；而机会则体现在新产品的推出、新市场的开拓、新需求的出现、国外市场壁垒的破除，以及竞争对手的失误等方面；威胁因素包括新竞争者的出现、替代产品数量的增加、市场环境的收缩、行业政策的变动、经济衰退、客户偏好的变化等。

在使用SWOT分析法时，需要对研究对象所处的各种环境因素进行各种调查研究分析。将这些因素按轻重缓急或影响程度等进行排序，构建 SWOT 矩阵。并以此矩阵为基础，制订相应的行动计划，即发挥有利因素的行动计划，克服不利因素的行动计划，利用机会因素，化解威胁因素。SWOT 分析法能够帮助企业等组织清晰定位、识别存在的问题、寻求解决方案，并为制定科学且全面的战略决策提供有效支持。SWOT 分析法也存在一定的局限性，如具有时代的局限性，且在确定各要素，以及从基本分析形成战略决策方案等方面存在复杂性。

6.6.2 SWOT分析法的应用

作为一种重要的战略分析工具，SWOT 分析法被广泛应用于商业领域和管理领域。

1. 优势与劣势分析

在SWOT分析法中，企业被视作一个整体，其竞争优势来源于多个方面。在对其优势、劣势进行分析时，会对企业及竞争者展开缜密的比较，沿着整个价值链的各个环节进行分析。例如，产品是不是新颖别致的，制造工艺是不是繁复精细的，销售渠道是不是通畅的，价格是不是有竞争力的，这些都是需要考虑的。如果企业存在某一方面或某几方面的优势，可能会形成更强的综合竞争优势，这些恰恰是企业在这个行业中成功的关键要素。需要注意的是，评判一个企业及其产品是否具备竞争优势，应关注现有和潜在用户，而非企业自身。

2. 机会与威胁分析

以当前社会上流行的线上会议软件冲击传统展会企业为例，线上会议软件对传统展会企业而言是一种威胁，它限制了传统展会门票、展位等产品的价格上限。企业必须深入剖析，线上会议软件究竟是会导致业务急剧萎缩的重大危机，还是能够促使企业拓展新业务模式，创造更高的利润或价值。这要考虑参展商和观众选择线上会议的转换成本，以及企业可以采取何种措施来降低自身运营成本或增加展会附加值，如提供更优质的现场体验、更精准的商业对接服务等，降低客户选择线上会议软件的风险。

3. 整体分析

SWOT 分析法大体可分为两大区块。第一区块，以分析内部状况为主；第二区块，以分析外部条件为主。通过 SWOT 分析法，可以识别出有利于自身发展并需加强的因素，以及不利于自身发展并应当避免的因素，从而揭示出存在的问题，提出相应的解决方案，明确未来的发展方向。根据这一分析结果，将问题按轻重缓急进行分类，从而识别出哪些问题亟须解决，哪些可以稍后处理，哪些是战略目标方面的障碍，以及哪些是战术层面的问题。罗列这些研究对象，用矩阵的形式排列起来，运用系统分析的思想，使各种因素相互匹配分析，最终得出一系列有助于领导者、管理者更精确地进行决策和规划的具有决策性质的概括性结论。

6.6.3　SWOT分析法的步骤

SWOT分析法是在战略分析领域极其常用的一种方法，往往在企业发展战略的制定和竞争对手情况的分析中扮演重要角色。在 SWOT 分析法的使用上，主要有以下5个步骤。

1. 分析环境因素

企业所处的环境因素可以分为外部环境因素和内部环境因素，对其进行多元化的调查研究分析。外部环境因素包括机会因素和威胁因素，它们是客观存在于外部环境中，对企业发展有着直接影响的有利和不利因素。内部环境因素包含优势因素和劣势因素，它们是企业在自身发展过程中存在的积极和消极因素，属于主观范畴。调查与分析这些因素时，不仅要考虑历史情况和当前现状，更要着眼于与未来发展相关的问题。

2. 内部分析（优势和劣势）

优势：企业具备充裕的财政来源、良好的企业形象、雄厚的技术力量、较大的经济规模、较好的产品质量、较大的市场份额、卓越的成本优势和强劲的广告攻势等。

劣势：设备陈旧老化、管理无序混乱、关键技术缺失、研究开发滞后、资金匮乏短缺、经营管理不善、产品大量积压、竞争力较低等。

3. 外部分析（机会和威胁）

机会：新兴市场、政策支持、技术创新、消费升级、竞争对手失误、合作伙伴拓展、人口结构变化、渠道增加、需求增长、行业标准变化等。

威胁：政策变化、经济衰退、新竞争对手、技术替代、消费者偏好改变、贸易壁垒、原材料价格上涨、环保要求提高、行业竞争加剧、法律诉讼风险、社会舆论压力、自然灾害等。

4. 构造SWOT矩阵

SWOT分析法的优越之处在于其综合性、系统性的思维。它能将对问题的剖析与解决方案的制订紧密相连，逻辑清晰，且易于检验。在使用SWOT分析法时，需要根据调查得到的各种因素，按照排序规则构建SWOT矩阵，如轻重缓急或影响程度等。在这个过程中，对那些直接、重大、普遍性、紧迫性、长期性对企业发展有影响的因素，应该优先安排，而将那些间接的、次要的、影响较小的、不迫切的，以及短期性的影响因素放在后面。

5. 制订战略计划

在完成环境因素分析和 SWOT 矩阵构造后，需基于 SWOT 矩阵分析结果，综合考虑内外部因素，制订出发挥优势、克服劣势、抓住机会、应对威胁战略计划。具体可结合 SWOT 矩阵不同象限制订SO 战略、ST 战略、WO 战略、WT 战略，如 SO 战略是利用优势抓住机会实现发展最大化，ST 战略是凭优势化解威胁，WO战略是针对劣势把握机会改进，WT 战略是应对劣势和威胁减少负面影响。制订计划要以发挥优势、克服劣势、利用机会、化解威胁为思路，回顾过去、立足当前、着眼未来。

6.6.5　SWOT分析法案例

【案例6-8】

大学校园内饮食聚集区米线店

优势（Strengths）

地理优势：店铺位于校园饮食聚集区，人流量大且稳定，学生就餐方便，能保证基本的客流量。

产品特色鲜明：米线作为特色美食，有其独特的风味和丰富的配料选择，容易吸引学生群体，制作工艺简单。

劣势（Weaknesses）

竞争压力较大：饮食聚集区内餐饮店铺众多，竞争激烈，可能导致客源分流。

店铺面积有限：可能无法容纳过多顾客，在就餐高峰期容易出现拥挤现象。

机会（Opportunities）

学生消费潜力大：大学生群体数量庞大，消费能力较强，且对新口味和特色美食接受度较高。

社交平台推广：可利用大学生常用的社交平台进行宣传推广，提高店铺知名度。

节日与活动营销：结合校园内的节日、活动等开展针对性营销，如运动会期间推出优惠套餐。

威胁（Threats）

公共卫生事件：如流感、传染病暴发，影响校园餐饮行业整体客流量。

假期影响：寒暑假、法定节假日期间，学生数量大幅减少，导致客源流失。

原材料供应：米线原料、配料、调料等价格上涨，成本增加。

发展战略：

1. SO 战略

利用位置和产品优势拓展学生市场。充分发挥店铺在饮食聚集区的地理优势和米线特色，针对大学生消费潜力大的特点，推出多样化的米线套餐，满足不同消费层次学生的需求。例如，推出经济实惠的单人基础套餐、适合情侣或朋友分享的双人豪华套餐，以及针对食量较大学生可以增加续米线的次数等。

借助社交平台提升知名度的新机遇。通过整合大学生频繁使用的社交平台资源，创新性地展示米线制作过程，并讲述与米线相关且引人入胜的小故事，吸引大学生的目光并引导他们关注店铺。并结合校园活动的热点，如在校园运动会期间特别推出"运动套餐"，在文艺比赛期间则推出"文艺套餐"，巧妙设置与活动紧密相连的优惠措施，如凭借获奖证书享受专属折扣，同时积极鼓励学生通过社交平台分享店铺，以此作为杠杆进一步提升店铺的知名度。

2. ST 战略

公共卫生事件下的稳健运营。面对公共卫生挑战，应增加消毒频次、保障空气流通、实施员工健康监测，可通过强化店内卫生管理制度，建立起严格的卫生规范和操作流程。同时，通过积极宣传卫生保障措施，灵活调整服务模式，通过提供外卖服务、无接触配送等方式，保证经营连续性，提升顾客消费信心。

假期与成本双重挑战下的战略调整。针对假期学生客源减少的问题，提前布局，推出假期优惠卡、储值卡等促销手段，激励学生提前锁定消费，为假期后的回暖奠定坚实的基础，在假期来临之际，通过提前布局的方式与供应商建立长期稳定的合作关系，在面临原材料成本上涨的情况下，通过供应链管理的优化提出更有利的采购条件。同时，对食材配比或探索更具性价比的原料替代品，可以进行精细化调整，有效控制成本，保持竞争力。

3. WO 战略

竞争环境下的差异化策略。专注于米线的独特风味和特色食材，在激烈的饮食聚集区竞争环境中，创造出鲜明的品牌差异性，形成与竞争对手的有效区分。针对卖场空间限制的问题，如高峰时段推出拼桌机制、提升空间利用率等。同时，大力提升外卖服务的效率和质量，在缓解店内拥挤的同时，积极拓展外卖市场，从线下到线上实现无缝对接和融合，开拓新的增长点。

利用机会弥补劣势提升竞争力。定期推出新口味，利用大学生对新口味接受度较高的特点，吸引更多的学生前来尝鲜。强调店铺的独特之处，通过社交平台和校园活动营销，提升知名度。

4. WT 战略

应对综合压力。在面对公共卫生事件、假期影响和原材料价格上涨等多重威胁，以及竞争和店铺面积的劣势时，应优化经营策略。例如，在假期期间利用线上平台进行品牌推广和客户维护，同时对店铺进行装修升级或调整布局，改善就餐环境；加强成本控制和风险管理；与周边商家合作开展联合促销活动，共同应对公共卫生事件等不利情况。

6.7 AI融合创新

6.7.1 AI融合创新概念

1. 定义与内涵

AI 融合创新是指将人工智能技术与传统的创新思维和方法深度融合，从而达到更有效率和更具创造性的创新过程。它并不是单纯地使用人工智能工具辅助创新，而是发挥人工智能的优势，促进创新的发展。

2. 与传统创新方式的区别

AI 融合创新与传统创新方式之间存在着根本性的差异，这种差异不仅体现在创新驱动的核心要素上，还对创新的方法、效率、效果，以及创新的可持续性都产生了深刻的影响。

在传统创新方式的框架下，人类的经验、直觉与灵感是推动创新的主要动力。设计师依据个人经验与对用户需求的直观理解，通过和用户交互反复修正产品，这一过程虽富含人文色彩，却也受限于个体能力，创新周期长且充满不确定性。相比之下，以人工智能为核心的新型创新模式则标志着数据与算法成为创新舞台上的主角。通过对海量数据的深度挖掘与分析，AI 能够发现隐藏的模式、趋势与关联，为创新提供精准导航。

3. 为什么要进行AI 融合创新

① 推动技术进步和产业升级

在技术进步方面，人工智能与大数据紧密结合，二者相辅相成，共同推动技术的不断演进。例如，AI 与生物技术的融合能够激发医疗领域的创新思维，打破传统思维局限，带来全新的应用方向和可能性。此外，AI 还能提升技术性能，通过与物联网的融合，显著提高系统的效率和可靠性。

在产业升级方面，人工智能的融合应用促进了传统产业的转型升级。例如，汽车制造企业通过智能化转型升级，实现了生产流程的自动化和智能化，从而提高了生产效率并降低了成本。同时，AI 与金融行业的融合也催生了新的金融服务模式，为经济增长提供了新动力，并创造了更多的就业岗位和新兴产业业态。AI 融合还增强了企业的产业竞争力，使企业能够更精准地满足市场需求，通过先进的AI集成技术，为用户提供高品质的产品和服务，从而在激烈的市场竞争中脱颖而出。

②改善社会民生

AI与医疗的融合可以辅助医生进行医疗影像的诊断、治疗方案的制订和医疗影像的分析等，提升医疗水平。AI也可以为教育领域提供个性化的学习方案，智能辅导及提升教育质量的教学资源。AI还可应用于公共服务领域，如智能交通、智能安防、智能政务等，提高服务效率，为人民生活提供便利。

③增强国家竞争力

AI融合创新推动科技强国建设，在全球科技竞争中占优势。AI也广泛应用于国家安全领域，如军事、情报、网络安全等，提高国家安全保障能力。

6.7.2 认识常用AI工具

在人工智能技术快速发展的当下，AI工具的应用日益广泛，从在线便捷服务到离线本地化部署，满足了不同场景的需求。

1.在线AI工具

当下常用在线AI工具有豆包、通义千问、讯飞星火、KIMI、文心一言、智谱清言等。在线AI工具依托互联网运行，优势显著，无需本地安装，只需网络连接，通过浏览器或特定应用程序就能随时使用，使用门槛较低。同时，这类工具的模型和算法能实时更新，始终为用户提供最新技术支持，保证了功能的先进性与适应性。再者，在线AI工具通常由专业团队维护，服务器具备强大计算资源，能快速处理复杂任务，为用户节省时间，提高效率。

然而，其也存在一些缺点。网络状况直接影响使用体验，网络不佳时，响应延迟甚至无法使用。此外，数据安全与隐私问题不容忽视，用户数据需上传至服务器处理，存在隐私泄露风险。再者，部分优质在线AI工具需付费使用，对于个人用户或预算有限的小型团队，成本可能较高。

国内主流在线AI工具大多依托大语言模型，通过网页端、App等在线形式提供服务，支持问答、创作、代码辅助等自然语言处理场景，且各有侧重：豆包注重生活化交互与多场景适配；通义千问、文心一言、智谱清言在行业知识整合与专业任务处理上表现突出；讯飞星火凭借语音技术积累，在多模态交互及垂直领域有差异化优势；KIMI以长文档处理能力为特色。它们均需联网依赖云端算力，可持续迭代，满足日常、学习、工作等场景的智能化需求。

2.离线AI工具

常见的离线AI工具有ChatGLM系列和DeepSeek-R1等。同时，随着技术发展，许多在线AI模型通过模型蒸馏（从大模型提取知识转移到小模型，实现更高计算效率、更低推理成本并保留一定推理能力）开发小型离线部署模型，其轻量级版本可在资源受限环境部署，满足本地设备运行需求，助力AI应用在移动设备、边缘计算等场景高效运行。

离线AI工具最大优势在于将模型和数据存储在本地设备运行，数据无需上传至云端，减少隐私泄露风险，对处理敏感信息的企业和个人至关重要。并且，离线工具不受网络限制，在没有网络或网络不稳定环境下仍能正常使用，保证工作连续性，在野外作业、网络信号差的偏远地区等场景优势突出。同时，本地设备处理数据，响应速度快，能实现即时交互，提升用户体验。然而离线AI工具也有不足。受限于本地设备硬件性能，如计算能力和内存大小，对于复杂大型模型，处理速度和效果可能不如在线工具。而且，模型更新需用户手动下载安装更新包，部分用户可能因操作繁琐或未及时关注而无法及时使用最新模型，影响工具功能和性能。

6.7.3　有效使用AI工具的技巧

1. 明确目标与需求

使用者首先要弄清自己的学习目标和在运用 AI 工具之前的具体需求是什么。包括通过 AI 解决的问题、提升的技能领域及期望达到的成绩。目标与需求的明确有助于使用者有针对性地选择适合自己的 AI 工具及有效使用其功能。

2. 熟悉工具功能与操作

不同的 AI 工具有着独特的功能和操作方式。在使用前，应深入了解 AI 工具的各项功能、操作界面及快捷键等。通过实践操作，逐步掌握使用方法，以便在学习过程中能够迅速、准确地运用 AI 工具解决问题。

3. 定制化 AI 工具

定制化 AI 工具通过模型微调满足人们生产、生活和学习需求并提升效率。在生产中，企业用自身数据微调通用模型，如制造业依靠生产数据微调后可预测设备故障、优化计划，降本增效；在生活中，智能家居依据用户习惯数据微调模型，自动调整工作模式，提升居家便捷舒适度；在学习中，学校和学生可依靠学习数据微调模型，为学生提供个性化指导，提高学习效率。

4. 利用实时反馈与调整策略

AI 工具在使用过程中能够提供实时反馈，帮助使用者及时了解自己的进度和效果。使用者应密切关注这些反馈信息，并根据反馈结果调整交流策略。例如，当 AI 工具生成的内容出现空话、套话时，可以在与其交流的过程中，要求其依据网上的权威信息进行总结。也可要求 AI 工具通过网络权威信息提供定量数据及定性的内容反馈。这样能够促使 AI 工具输出更具价值和准确性的信息，为人们提供更有力的支持。

5. 持续更新知识

AI 技术日新月异，新的工具和功能不断涌现。使用者应保持持续学习的态度，及时关注 AI 工具的发展动态，了解新功能和新技术。通过不断更新自己的知识库，更好地适应技术变革，充分利用 AI 工具进行创新。

6.7.4　AI融合创新的实践案例

在与 AI 沟通时，可以从以下三个方面着手。一是"要求清楚"，将对话人的具体要求说清楚；二是"提供借鉴"，将对话人现在的状态和信息掌握情况传达给 AI；三是"献计献策"，表明对话对象自己的所思所想，以及所期望的方向。在沟通时，如果需要确切的内容，可以指示AI在网络上搜寻权威资料进行反馈，而对话者可以确认是否采纳该内容。可以通过以下两个案例进行测试。

1. 请以"秋"为主题作一首古体诗

（1）明确要求。向 AI 清晰地阐述要求。例如，要求描绘秋天的景色，体现出秋天的宁静与凄美，并且运用恰当的意象，如枫叶、秋雨、秋月等。并表达出对秋天的思念之情，或者是对时光流逝的感慨。

（2）提供参考。可以给 AI 一些特定的风格或诗人的例子作为参考，如我希望这首的风格能像王维的诗一样，清新淡雅，富有意境。可以参考王维的

"空山新雨后，天气晚来秋。明月松间照，清泉石上流"。

（3）提出建议。当 AI 给出初步的答案后，如果觉得不满意，可以提出具体的修改建议，如诗句的语言可以再凝练一些，意象的选择可以更独特一些，让整首诗更具感染力。或者调整一下诗句的顺序，使意境更加深远。

《秋思》（豆包）

霜枫染尽半山秋，雨落寒塘意自幽。

秋月无声照长夜，时光悄逝惹离愁。

《秋意浓》（文心一言）

枫林染赤霞，秋雨细如纱。

秋月挂松梢，思秋叹年华。

《秋思》（通义千问）

新雨过空山，枫叶染秋寒。

月映林间路，清泉绕客叹。

《秋思》（讯飞星火）

枫叶如丹染暮霞，秋雨无声润露沙。

月挂中天怀故影，时光荏苒感天涯。

2. 我打算开一家奶茶店，如何才能赚到钱

我打算开一家奶茶店，想通过加盟的方式经营。请从以下三个方面为我提供详细的建议和分析。

（1）明确要求。请帮我明确开一家加盟奶茶店，并在开业半年内实现月利润2.5万元以上的具体经营指标要求，包括原材料成本、人力成本、日客流量、客单价等方面应如何设定目标。

（2）提供参考。介绍一些成功的奶茶加盟品牌案例，包括品牌名称、特色、经营策略等，同时说明其装修成本、客单价、日客流量等具体数据。

请通过网上权威材料分析准备在×××大学城附近开奶茶店的本地市场情况，包括学生数量、消费能力、周边已有奶茶店的情况等，并根据这些情况估算开加盟奶茶店可能达到的营业额。

我自身还是在校大学生，没有经营餐饮的经验，经营餐饮需要哪些前期的准备。

（3）提出建议。在产品创新方面，对加盟奶茶店给出具体的建议，如加盟品牌的市场占有率和消费人群特点。

在营销策略方面，提出适合加盟奶茶店的社交媒体推广方法、促销活动建议，包括每周发布内容的频率和吸引粉丝的数量目标、特价奶茶的销量占比和买一送一活动的日客流量增长目标等。

在成本控制方面，给出加盟奶茶店降低原材料采购成本和人力成本的具体方法和目标，如与供应商谈判降低成本的比例、人力成本占月营业额的比例及员工工作效率要求。

根据上述内容和AI展开多轮对话，最终寻得理想答案。具体而言，可按照上述内容向人工智能提出问题。根据人工智能的反馈，进一步追问、探讨相关细节。如此反复，不断深化问题，直至收集到足够有价值的答案。

6.7.5　AI融合创新挑战、应对与展望

1. 现有技术局限与误差

在当今人工智能时代，AI 融合创新既带来机遇也面临一定的挑战。现有技术存在局限与误差，主要体现在以下几个方面。首先，数据质量与偏差问题，数据是 AI 系统的基础，但现实中数据质量往往参差不齐，不完整、不准确的数据会导致 AI 模型预测出现偏差，如在图像识别领域，训练数据若存在大量模糊或错误标注的图像，在实际应用中就可能误识别。若训练数据不能充分代表真实世界的多样性，AI 系统可能对某些特定群体或情况产生偏见，如人脸识别系统，若其训练数据主要来自特定种族或年龄段人群，那么其对其他种族或年龄段的人识别准确率可能较低。其次，算法的局限性，目前人工智能算法大多基于统计学习和深度学习，虽在很多任务上成果显著，但仍有一定的局限，如深度学习模型通常需要大量训练数据和计算资源，且对于复杂任务难以解释决策过程。算法的鲁棒性也是面临的挑战之一，面对对抗攻击、噪声干扰等情况时，AI 系统的性能可能会下降甚至失效，如在自动驾驶领域，恶意对抗攻击可能使车辆自动驾驶系统出现错误决策，危及乘客安全。最后，计算

能力的限制，随着人工智能技术发展，对计算能力需求越来越高，在大规模深度学习模型的训练和推理过程中，需要强大计算资源支持，而目前计算能力有限，限制了 AI 融合创新的发展速度和应用范围，还可能影响AI系统的实时性和响应速度。在一些对时间敏感的应用场景，如智能交通、医疗急救等领域，若计算能力不足，可能导致决策延迟，影响系统性能和效果。综上所述，现有技术的局限与误差是 AI 融合创新面临的重要挑战，需不断探索新的技术和方法，提高数据质量、改进算法性能、提升计算能力，以实现更加智能、可靠和高效的 AI 融合创新。

2. 过度依赖 AI 的风险

在人工智能技术快速发展、应用广泛的今天，对人工智能的过度依赖会有一定的风险。一是存在认知能力退化的风险，人们对 AI 的过度依赖，会造成大脑深度思考锻炼的不足，从而导致认知能力的逐步减弱，对个人职业生涯的发展造成影响。二是有抑制创造力的风险，AI 基于已有数据和算法运算，人们过度依赖其提供的答案和方案会陷入固定思维模式，抑制创造力。三是信息茧房效应风险，AI 推荐算法提供个性化的内容推荐是基于用户偏好的，对 AI 的过度依赖容易导致陷入信息茧房。导致视野狭窄、思维受限，加剧群体分歧对立，如社交媒体用户只关注相似账号信息易引发网络冲突。四是就业结构失衡风险，AI 可能取代重复性工作，若人们过度依赖且忽视技能提升和职业转型，则将面临就业困难，同时导致就业结构失衡。五是存在安全与隐私风险，对AI 的过度依赖会增加数据泄露和隐私侵犯风险，如智能语音助手的语音信息可能被不法分子获取用于诈骗。六是伦理道德困境风险，AI 缺乏道德判断和情感认知，其决策可能忽视伦理道德问题，如医疗和司法领域可能出现不符合个人意愿、价值观或不公正的情况。综上所述，则应正确认识和对待AI技术，在发挥其优势的同时，警惕过度依赖带来的风险，实现人类与AI的和谐共处。

【思考与练习】

1. 头脑风暴法分组训练练习。

练习目标：

通过小组分组训练练习，让学生深入理解和熟练运用头脑风暴法，提高团队协作能力、创新思维能力，以及解决实际问题的能力。

练习准备：

（1）确定参与学生人数，并根据人数合理分组，每组4～8人。

（2）准备若干个不同类型的实际问题，涵盖生活、学习、社会等方面。例如，"如何提高校园内自行车停放的规范性""怎样设计一个更有吸引力的班级文化活动""如何改善社区公共休闲区域的设施和环境"。

（3）为每个小组提供记录工具，如大白纸、马克笔等。

（4）安排一个安静、宽敞且无干扰的空间作为练习场地，如教室或会议室。

步骤	时间	具体内容
问题分配与初步了解	10分钟	1.将不同问题随机分配给各小组，每组4～8人。 2.小组成员讨论明确问题核心与要点。
头脑风暴环节	30分钟	1.成员运用头脑风暴法自由讨论，提出想法，并记录。 2.成员平等发言，简洁表达，他人可拓展。 3.专人记录想法，包括内容、提出者、时间。
想法整理与分类	15分钟	1.回顾记录的想法并整理。 2.按标准分类，如技术改进、管理措施等。 3.标注代表性想法。
方案评估与选择	15分钟	1.从多方面评估想法，如可行性、有效性等，可打分或投票。 2.深入讨论重点方案的实施步骤、困难及应对措施。 3.确定最具可行性和创新性的方案并阐述。
小组汇报与交流	20分钟	1.每组推选代表汇报，时间5～8分钟，形式多样。 2.其他小组提问、质疑或建议，汇报小组回应。 3.教师引导、点评、总结。
总结与反思	10分钟	1.教师回顾目的、过程和成果，强调头脑风暴法的作用及注意事项。 2.学生自我反思，思考表现、收获、困难及改进建议。 3.教师评价反馈，综合评价学生表现，提供改进方向和建议。

通过分组训练练习，学生能够在实际操作中亲身体验头脑风暴法，不仅能够提高他们的创新思维和解决问题的能力，还能够培养他们的沟通交流能力和团队合作精神，为今后的学习和工作奠定坚实的基础。

2. 以"我要感谢的人"为主题，尝试绘制思维导图。

3. 尝试用思维导图梳理你在进行的创新创业项目或者比赛。

4. 选择一个自己感兴趣的问题（如家庭聚会的组织、社区环境的改善的等），运用六顶思考帽法进行讨论，写出详细的思考过程和解决方案。

5. 如何利用奥斯本检核表法设计一款新型椅子？

6. 从以下物品中任选一个，针对这个物品运用奥斯本检核表法的每一项进行提问，根据问题进行物品改进。

雨伞、书包、台灯、铅笔、水杯、床帘、眼镜

7. 运用5W2H分析法写一个学校校园文化节策划方案。

8. 运用5W2H分析法思考，如何在大学校园里开一家特色餐厅？

9. 运用5W2H分析法进行产品开发。

7 创新思维及工具

教学目标:

1. 掌握TRIZ核心理论含义,了解TRIZ理论的发展历程和核心思想,能用TRIZ解决实际问题。

2. 掌握PDCA循环概念,能熟练运用PDCA循环解决实际问题。

教学内容:

1. 通过介绍TRIZ理论的含义,阐述理论来源及核心理论,重点介绍TRIZ理论体系结构及进化法则,同时详细介绍TRIZ理论解决问题的一般步骤。

2. TRIZ理论解决实际问题的案例分析。

3. 通过PDCA解决问题的案例分析,深化对PDCA循环的概念和管理特点的认识,对PDCA循环解决问题详细步骤进行详细阐述。

【导入案例】

穿过校园的马路

校园里面要规划一条马路,如何能保证所有司机在通过该路段时都能低速行驶呢?经过大家的详细讨论后,得到两个方案:一是将整段马路全部画上斑马线,或者把这段道路设计成曲折的波浪形道路。可以看到,两种办法各有优势,第一种投资小,但效果不够理想;第二种效果更好,但投资较大。如果能将两种方法结合起来扬长避短,就是最优解。当进行"萝卜青菜各有所爱"的挑战时,人们会发现不同的人会有不同的偏好,如喜欢吃青菜,或者喜欢吃萝卜,常规解决办法是各取一半,或者牺牲另一半。然而,这两种选择都存在着局限性,需要人们根据具体情况进行灵活处理。TRIZ理论(萃智理论)的熟练运用可以轻松解决这一难题。萝卜和白菜的重要部分分别在地下和地上。而TRIZ理论解决问题的中心思想就是将事物有用部分最大限度地利用起来，无用的部分直接去掉。鉴于此，若种植一种具有青菜叶和萝卜根的蔬菜，这样爱吃萝卜和爱吃青菜两个需求都可以得到满足。

运用 TRIZ 理论解决穿越校园的马路问题，可以从多个角度进行综合分析，从而找出最佳的解决方案，如在普通的道路上绘制出一条弯曲的斑马线，让它看起来更加复杂，让司机的大脑能够更加准确地作出反应，这样既可以达到最佳的效果，又可以降低成本。

7.1　TRIZ理论

7.1.1 TRIZ理论的来源

1. 早期工作经历的启发

根里奇·阿奇舒勒（Genrieh Alt-shuller）在苏联海军的里海舰队专利局工作，负责发明创造的审查和专利文件的整理。在这个过程中，他接触到了大量的专利文献，并发现许多发明在解决问题的思路和方法上极其相似。这使他开始思考是否存在一种通用的方法或理论，可以指导人们更有效地进行发明创造。

2. 理论的初步形成

1946年，阿奇舒勒带领一批研究人员，花费巨大的人力物力，对全球250万件专利进行研究，提出TRIZ理论。阿奇舒勒团队坚信人类能够通过总结学习，进一步掌握发明问题的基本原理，并通过对这些原理的掌握，提高人类的发明的效率。苏联把TRIZ理论当作国家机密，因为该理论在航空航天、工业和军事上发挥了至关重要的作用，也使得苏联在这些领域的创新领先于西方发达国家。TRIZ理论现在也被很多知名企业熟练掌握并运用，企业通过TRIZ理论将很多看起来不可能有创新和解决办法的问题轻松解决，甚至形成专利。在创新日新月异的今天，其极大地提升了企业的行业竞争力，对TRIZ理论的熟练运用也使得这些企业从行业的追随者变为领跑者。

TRIZ理论的核心是技术进化论，技术系统在不断发展和演化的过程中，必须先解决其内部矛盾，以保持其持续的改进和创新。然而，随着技术的发展，对更深层次的矛盾的解决需求也在不断增加。

阿奇舒勒深入探索并结合多种基础学科的知识，构筑出一套有效地解决矛盾的模型，这些模型包括发明原理、发明问题解决算法及标准解等。TRIZ理论可以帮助人们更好地理解和处理复杂的数据，它通过把原始数据转换成可以被分析的形式，并使用多种数学模型预测和估算未来可能的结果，从而实现对某一个领域的精确预测。

3. 发展过程中的挫折与坚持

阿奇舒勒的研究工作并非一帆风顺。1950年，他因给斯大林等领导人写信提出对苏联政府决策的不同看法而被捕，并被判处25年徒刑，流放到古拉格集中营。在狱中，他仍然坚持对发明问题解决理论的研究，不断完善自己的理论体系。

4. 理论的逐步完善与推广

1953年，斯大林去世后，阿奇舒勒在赫鲁晓夫的政治解冻时期获释，并回到巴库。1956年，他发表了第一篇关于TRIZ的文章"关于发明创造心理学"，开始在前苏联推广自己的理论。此后，他不断深入研究，提出了40个发明原理、技术矛盾与物理矛盾、标准解等核心概念和方法，使TRIZ理论逐渐成为一套完整的、具有可操作性的理论。

7.1.2 TRIZ理论核心

1. TRIZ理论核心思想

在发明创造的过程中，TRIZ理论中的很多理论和原理是反复使用的，技术系统按照一定的客观规律，不断向对理想状态发展。阿奇舒勒在研究中获得以下三条重要规律：第一，在不同的科学及工业领域，解决问题的办法是相似的，也就是说，创新具有规律性。第二，不同的科学及工业领域，技术系统交替出现相同的进化模式，即"他山之石，可以攻玉"。第三，创新所依据的科学原理往往属于其他领域，"即拓宽思路，打破思维定式"，TRIZ理论的核心正是基于这三条规律。随着TRIZ理论的发展，广大学者将TRIZ理论核心思想归结为以下3个方面。

（1）不管是基础产品，还是复杂的技术系统，其核心技术的发展都是遵循一定的客观规律，根据客观规律进行演变和进化。例如，洗衣机从仅具备洗衣功能，到同时具备洗衣和甩干功能，从传统按键到可一键智能化控制。

（2）解决技术系统中的挑战、矛盾和冲突，是促使其发展动力。一个进化系统经历了演变，最终会被一个新的系统所取代，这一过程将永无止境。例如，汽车的进化按照马车—内燃机汽车—三轮汽车—四轮汽车—智能汽车；从动力来看，是从牛马—蒸汽—汽油—新能源的不断进化。

（3）当技术系统达到最佳水平时，它将以最低的能源消耗、最快的速度实现最多的功能，进而达到最优的效果。例如，手机从传统按键屏到触屏，实现了资源的最大化利用。

2. TRIZ理论核心技术发展规律

从TRIZ理论核心思想可以明确，TRIZ理论认为，无论是简单产品还是复杂的技术系统，其核心技术的发展都遵循着客观规律进行发展演变，具有客观的进化规律和模式。例如，计算机的发展，早期采用电子管，体积庞大、能耗高、计算慢。随着晶体管、集成电路的出现，一方面使计算机的计算模块体积变小、能耗降低、功能提升，另一方面使计算机的显示模块也得到优化。这体现了技术系统的核心技术在不断进化。这种进化不是随机的，而是有一定的规律可循。例如，技术系统的进化可能会遵循技术系统的生命周期模式、增加理想化水平模式、系统不均衡发展导致矛盾出现模式等。在不同的发展阶段，技术系统会呈现出不同的特点。例如，在技术系统的早期阶段，可能会存在各种问题和不足，但随着技术的不断发展，这些问题会逐渐得到解决，技术系统也会不断完善。这种规律的存在为我们研究和预测技术系统的发展提供了依据，使我们能够更好地把握技术发展的趋势，为创新和发明提供指导。

3. TRIZ 理论中技术难题的推动作用

各种技术难题的不断解决是推动技术系统进化的动力。在创新过程中，往往会遇到各种技术难题，如提高产品的性能可能会增加成本，或者增加产品的体积。这些难题的存在促使人们去寻找解决方案，进而推动了技术的进步。TRIZ 理论提供了一系列的工具和方法帮助人们解决这些技术矛盾。例如，矛盾矩阵可以帮助人们找到问题的矛盾点，并提出解决方案；物质场分析可以找到问题的根本原因，并提出解决方案。通过解决这些技术矛盾，技术系统得以不断进化。此外，技术难题的解决还可以提高创新的效率和质量，缩短创新的周期和降低成本。例如，在交通流量的管理中，为缓解高峰时段的交通拥堵，可以采取错峰上下班、限行等措施，将高峰时段的交通流量分散到其他时间段，从而有效地缓解交通压力。这就是通过解决技术难题，提高了交通系统的效率和质量。

4. TRIZ理论的理想状态

TRIZ 理论中技术系统发展的理想状态是用尽量少的资源实现尽量多的功能。这意味着在技术系统的设计和发展过程中，要追求资源的高效利用和功能的最大化。例如，在电子产品设计中，为避免手机在使用过程中产生过热现象，可以通过改变散热条件，如增加散热片、风扇等散热设备，或者优化软件算法，降低手机的功耗，进而实现散热与性能之间的平衡。在实际应用中，要达到技术系统的理想状态，需要综合考虑各种因素，包括技术、经济、环境等。例如，在工业生产中，要提高生产效率，降低成本，同时还要考虑环境保护和可持续发展。通过不断地优化和改进技术系统，使其逐渐接近理想状态，为社会创造更大的价值。

5. TRIZ理论基本哲理内容

TRIZ理论的基本哲理包括以下几点：第一，所有的工程系统服从相同的发展规则，这一规则可以用来研究创造发明问题的有效解，也可用来评价与预测如何求解一个工程系统的解决方案。第二，像社会系统一样，工程系统可以通过解决冲突而得到发展。第三，任何一个发明或创新的问题都可以表示为需求和不能满足这些需求的原型系统之间的冲突。因此，求解发明问题与寻找发明问题的解决方案就意味着在利用折中与调和不能被采纳时对冲突的求解。第四，为探索冲突问题的解决方案，有必要利用专业工程师尚不知道或不熟悉的物理或其他科学与工程的知识。技术功能和可能实现该功能的物理学、化学、生物学等效应对应的分类知识库可以成为探索冲突问题解的指针。第五，存在评价每项发明创造的可靠判据，包括该项发明创造是不是建立在大量专利信息基础上的、发明人或研究者是否考虑过发明问题的级别、该项发明是不是从大量高水平的试验中提炼出来的结论或建议。第六，在大多数情况下，理论的寿命与机器的发展规律是一致的，因而"试凑"法很难产生两种或两种以上的系统解。

7.1.3 TRIZ 理论的体系结构及进化法则

现代 TRIZ 理论体系主要包括以下几个方面的内容：第一，创新思维方法与问题分析方法，如多屏幕法等科学分析问题的方法，以及物场分析法等复杂问题分析的建模方法，可以帮助快速确认核心问题，发现根本矛盾所在。第二，技术系统进化法则，TRIZ 理论在大量专利分析的基础上总结提炼出8个技术系统进化法则，利用这些法则可以分析确认当前产品的技术状态，并预测未来发展趋势，开发富有竞争力的新产品。第三，技术矛盾解决原理，不同发明创造遵循着共同规律，TRIZ 理论将这些规律归纳成 40 个创新原理，解决具体的技术矛盾。第四，创新问题标准解法，TRIZ 提供了一系列标准解法，可应用于不同类型的问题。第五，发明问题解决算法，在问题情境复杂时，对初始问题进行一系列变形及再定义等非计算性的逻辑过程，实现对问题的逐步深入分析，问题转化，直至问题的解决。第六，基于工程学原理的知识库，TRIZ 构建了基于物理、化学、几何学等工程学原理的知识库，为解决问题提供支撑。

阿奇舒勒认为，所有问题的发明和创造都是遵循一定的客观规律和原理的。所有的技术创新和发明创造的过程，技术涉及的知识领域存在差异，但包含的内在矛盾和存在的问题是相同的，TRIZ 理论体系的核心思想是把各种各样的技术创新、发明创造的结果整合成一个系统，它涵盖了许多复杂的学科，并提出了一系列实用的、可操作性的、能够满足需求的方案，它的架构紧密、功用巨大，能够满足实际应用的要求。TRIZ 理论是一种用于研究各种复杂的自然规律、社会关系、自然规律与人类行为之间的关联性的综合性概念，它包括7个重要的领域：技术系统进化法则、物理矛盾及解决问题，技术矛盾及解决问题、物—场模型、发明问题的76 个标准解、发明问题解决算法及科学效应和现象知识库，如图7-1所示。

TRIZ技术系统进化法则包括提高理想度法则、完备性法则、能量传递法则、协调性法则、子系统不均衡进化法则、动态性进化法则、向超系统进化法则、向微观级进化法则，这些进化法则有助于更好地理解系统的发展趋势，有效地实现技术的改进、预测技术系统的变化，还有助于推动技术革新，为企业制订更加有效的战略。

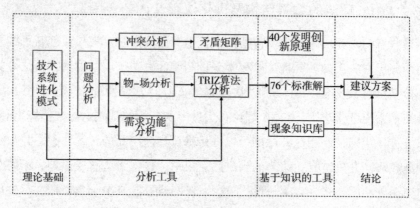

图7-1 TRIZ理论体系结构图

1.矛盾及解决原理

TRIZ 理论认为，创造性问题是指包含至少一个矛盾的问题。当技术系统的某一方面得到改善或者优化的时候，必然有另一个方面劣化，这就是技术系统的"技术矛盾"。要使系统性能实现最优化，一般采用"折中"的办法，这可以解决系统"技术矛盾"的问题，缺点是系统所有性都达不到最优化。TRIZ系统理论重点探索新的解决方案，以实现"无折中设计"中提出的创新目标。TRIZ 理论也存在"物理矛盾"，即系统必须兼顾正面和负面需求。例如，未来手机的需求将会是更轻便携带、更大屏幕和更大容量。

TRIZ 理论将把工程中出现的矛盾分为三类：一类是物理矛盾，一类是技术矛盾，一类是管理矛盾。具体而言，物理矛盾是指整个系统中出现的问题是由一个参数导致，要解决的关键问题为系统即可以促进该变量的积极变化，又可能阻碍其积极变化；技术矛盾是指系统中出现的问题由两个参数构成，两个参数会相互促进、相互制约；管理矛盾是指各个子系统之间产生的相互影响。每一个子系统的进化，都源于矛盾的不断解决。技术系统中的矛盾反应的是不同要求之间的冲突关系。例如，对同一功能特性有不相容要求，或者要求不同的功能特性。

在航天飞机即将发射升空去月球工作时，工作人员发现航天飞机上的灯不能抵御发射时所产生的巨大压力，灯罩极容易坏掉，而现在时间紧急并无其他物品可以代替，此时产生的问题是"灯泡为什么要有灯罩？"，加装灯罩的目的是防止钨丝氧化。但是在月球上并没有氧气，根本不需要给灯加上灯罩，直接把灯罩打碎就可以了。事物本身可能就是一个矛盾体，合理解决事物本身的矛盾就是解决复杂问题的关键所在。

（1）物理矛盾。从物理矛盾的定义来看，表现为两种形式：一种是负面作用的性能降低会导致正面作用性能降低；另一种是增强正面作用性能的同时，负面作用性能也随之增强。

TRIZ 理论中，当系统要求一个参数向相反方向变化时，就构成了物理矛盾。例如，系统即要求面积大又要求面积小；即要求功能多又要求结构简单。看似荒诞滑稽的要求，在实际生产生活中很常见。例如，对手机屏幕既要求大，同时又要易于携带（小）；要求汽车同时具备多种功能，又要求操作简单方便。

针对物理矛盾的解决办法是：把矛盾双方分离成为不同技术系统，把系统的内在联系转变成为各个技术系统之间的联系，是内部矛盾转变成为外部矛盾。以现代汽车为例，可以利用分离原理解决系统矛盾。根据汽车需求需要同时具备多种功能，又要求操作简单便捷，汽车设计时要满足这两个需求，考虑大部分操作脱离手，直接智能化语音输入，这样就解决了设计的物理矛盾。通过对物理矛盾的分析，可以采取不同的方法来解决问题。在物理学中，常见的参数归纳为三类：几何类、材料和能量类、功能类，具体内容见表7-1。

表7-1　常见的物理矛盾

类别	常见物理矛盾			
几何类	长与短、对称与非对称	平行与交叉、厚与薄	圆与非圆、锋利与钝	宽与窄
材料及能量类	功率（密度）大与小	导热率（温度）高与低	时间长与段、黏度高与低	多与少
功能类	喷射与堵塞、推与拉	冷与热、快与慢	运动与静止、强与弱	软与硬

（2）技术矛盾。技术矛盾就是由系统中两个相互制约和影响的参数导致的。TRIZ 理论把导致技术矛盾的参数归纳为通用参数。阿奇舒勒经过多年的实践研究，将 39 个可以反映出不同情况的参数综合起来，这些参数是从物理、几何和技术性能等方面表述系统性能。在工程设计和分析中，我们经常会用到两个不同的概念：运动物体和静态物体，前者是指通过自身或借助一定外力作用后，可在一定空间内运动的物体；后者是指无论是外力还是内力都无法使其在空间运动的物体。

以下是39个通用参数的含义。

①运动物体的重量是指在重力场中运动物体多受到的重力，如运动物体作用于其支撑或悬挂装置上的力。②静止物体的重量是指在重力场中静止物体所受到的重力。如静止物体作用于其支撑或悬挂装置上的力。③运动物体的长度是指运动物体的任意线性尺寸，不一定是最长的，都认为是其长度。④静止物体的长度是指静止物体的任意线性尺寸，不一定是最长的，都认为是其长度。⑤运动物体的面积是指运动物体内部或外部所具有的表面或部分表面的面积。⑥静止物体的面积是指静止物体内部或外部所具有的表面或部分表面的面积。⑦运动物体的体积是指运动物体所占有的空间体积。⑧静止物体的体积是指静止物体所占有的空间体积。⑨速度是指物体的运动速度、过程或活动与时间之比。⑩力是指两个系统之间的相互作用。对于牛顿力学，力等于质量与加速度之积。在 TRIZ 中，力是试图改变物体状态的任何作用。⑪应力或压力是指单位面积上的力。⑫形状是指物体外部轮廓或系统的外貌。⑬结构的稳定性是指系统的完整性及系统组成部分之间的关系。磨损、化学分解及拆卸都降低稳定性。⑭强度是指物体抵抗外力作用使之变化的能力。⑮运动物体作用时间是指物体完成规定动作的时间、服务期。两次误动作之间的时间也是作用时间的一种度量。⑯静止物体作用时间是指物体完成规定动作的时间、服务期。两次误动作之间的时间也是作用时间的一种度量。⑰温度是指物体或系统所处的热状态，包括其他热参数，如影响改变温度变化速度的热容量。⑱光照度是指单位面积上的光通量，系统的光照特性，如亮度、光线质量。⑲运动物体的能量是指能量是物体做功的一种度量。在经典力学中，能量等于力与距离的乘积。能量也包括电能、热能及核能等。⑳静止物体的能量是指能量是物体做功

的一种度量。在经典力学中，能量等于力与距离的乘积。能量也包括电能、热能及核能等。㉑功率是指单位时间内所做的功，即利用能量的速度。㉒能量损失是指为了减少能量损失，需要不同的技术来改善能量的利用。㉓物质损失是指部分或全部、永久或临时的材料、部件或子系统等物质的损失。㉔信息损失是指部分或全部、永久或临时的数据损失。㉕时间损失是指一项活动所延续的时间间隔。改进时间的损失指减少一项活动所花费的时间。㉖物质或事物的数量是指材料、部件及子系统等的数量，它们可以被部分或全部、临时或永久地改变。㉗可靠性是指系统在规定的方法及状态下完成规定功能的能力。㉘测试精度是指系统特征的实测值与实际值之间的误差。减少误差将提高测试精度。㉙制造精度是指系统或物体的实际性能与所需性能之间的误差。㉚物体外部有害因素作用的敏感性是指物体对受外部或环境中的有害因素作用的敏感程度。㉛物体产生的有害因素是指有害因素将降低物体或系统的效率，或完成功能的质量。这些有害因素是由物体或系统操作的一部分而产生的。㉜可制造性是指物体或系统制造过程中简单、方便的程度。㉝可操作性是指要完成的操作应需要较少的操作者、较少的步骤以及使用尽可能简单的工具。一个操作的产出要尽可能多。㉞可维修性是指对于系统可能出现失误所进行的维修要时间短、方便和简单。㉟适应性及多用性是指物体或系统响应外部变化的能力，或应用于不同条件下的能力。㊱装置的复杂性是指系统中元件数目及多样性，如果用户也是系统中的元素将增加系统的复杂性。掌握系统的难易程度是其复杂性的一种度量。㊲监控与测试的困难程度是指如果一个系统复杂、成本高、需要较长的时间建造及使用，或部件与部件之间关系复杂，都使得系统的监控与测试困难。测试精度高，增加了测试的成本也是测试困难的一种标志。㊳自动化程度是指系统或物体在无人操作的情况下完成任务的能力。自动化程度的最低级别是完全依靠人工操作。最高级别是机器能自动感知所需的操作、自动编程和对操作自动监控。中等级别的需要人工编程、人工观察正在进行的操作、改变正在进行的操作及重新编程。㊴生产率是指单位时间内所完成的功能式操作数。

为应用方便，将上述39个通用工程参数分为 3 大类：物理及几何参数：① ~ ⑫、⑰ ~ ⑱、㉑条；技术负向参数：⑮ ~ ⑯、⑲ ~ ⑳、㉒ ~ ㉖、㉚ ~ ㉛条；技术正向参数：⑬ ~ ⑭、㉗ ~ ㉙、㉜ ~ ㊴条。当负向参数增加时，会导致整个系统的表现下降。相反，当正向参数增加时，可以提高整个系统的效率，从而减少因此而产生的损失。

（3）管理矛盾。管理矛盾是指在一个系统中，各个子系统已经处于良好的运行状态，但是子系统之间产生不利的相互作用、相互影响，导致整个系统出现问题。例如，部门之间、工艺之间或机器之间的矛盾，即使它们自身都处于良好的运行状态，但它们之间的相互作用和影响却会导致其他系统受到损害。

例如，车间要对一批零件进行淬炼打磨，但没有单独的地方对零件进行淬火，为提高生产效率，只能在公用的地方进行。采用吊车将零件放入火炉淬火过程中，零件一旦接触到油槽中的油，车间马上就刺鼻的浓烟。浓烟向上飘浮，严重影响到吊车司机的工作，使其无法呼吸。在这个例子中，吊车司机的工作和淬火的工作本身都没有很大的问题，但是淬火已经严重影响吊车司机，这就可以看成车间这个系统中的管理矛盾。对于管理矛盾是要依靠具体子系统的物理矛盾或是技术矛盾来解决的。在该例中，可以将管理矛盾转变成淬火的技术矛盾，即淬火能正常进行，而不产生浓烟。最后的解决方法可以是在油的表面放置二氧化碳气体，当炽热的零件接触到油的时候，就不会使空气中的氧气和油相接触，于是就产生不了浓烟了。

2. 物-场模型分析

物-场模型分析主要用于建立已存在的系统或新技术系统的问题相联系的功能模型，是TRIZ理论中一种常用的分析工具。阿奇舒勒指出，任何一种技术体系，其内部结构均包含许多独立的、各自独立的子系统，这些子系统之间存在着密切的关联，从宏观到微观，这些子系统均拥有自己特定的功能，所有的功能都可以拆解为两种物质和一种场（二元素组成）。在物-场模型的定义中，物质是指某种物体或过程，可以是整个系统，也可以是系统类的子系统或单个物体，甚至是整个环境，这具体取决于实际情况。

3. 76个标准解法

TRIZ理论被广泛应用于解决基于技术系统进化的复杂问题，它提出了一种新的方法，可以有效地解决现有的挑战，从而提高效率。1985年，阿奇舒勒创立了76个标准解法，划分为5级，18个子系统，见表7-2。通过对现有系统的改变、调整、检验和评估、优化和改善策略，可以更好地理解技术系统的发展规律，从而更好地把握它的发展趋势。

表7-2 标准解法的分布

级别	名称	子级数	标准解法
1	建立完善物质-场模型	2	13
2	强化物质-场模型	4	23
3	向双、多、超系统或超微观协调进化	2	6
4	系统内部测量与检测	5	17
5	标准解应用策略准则	5	17
合计	5级	18	76

4. 发明问题解决算法

发明问题解决算法（ARIZ），它通过一套完整的逻辑步骤，将复杂的问题转换为可操作的形式，从而实现问题的有效解决。ARIZ算法核心思想是：ARIZ是通过分析和处理技术矛盾，找出问题的根源，并采取有效措施解决问题，并且帮助解决者克服惯性思维，不断获得最新的知识支持。

5. 科学效应和现象知识库

TRIZ理论中的科学效应和现象知识库是一种基于物理、化学、几何学等工程学知识的解决问题工具，为相关领域的发明创造和技术创新提供丰富的方案来源，对发明问题的解决有着巨大作用。通过对全世界250万份具有较强影响力的高质量的发明专利进行系统的分析和研究，指出在工业和自然科学中的问题，解决方案和技术进化模式是重复的，即遇到一个新的技术难题时，可以借助现有的知识与方法来寻求有效的解决办法。

6. 40个发明原理主要内容

几种矛盾不断地出现，将不断地被解决，由此阿奇舒勒对大量的专利进行了研究，分析，总结，得出了解决冲突与矛盾的最具有普遍性的40个发明原理，见表7-3。这40个发明原理用于指导创新发明者找出用于解决矛盾冲突的方案，每一种解决方案都是一个有针对性的指导建议。通过改变系统，人们可以消除技术冲突，从而将发明从神秘的领域带入科学，使原本只有少数天才才能完成的发明工作变得普通，成为一种人人都可以参与的职业，解决了曾经被认为是不可能实现的问题。

表7-3　40个发明原理简表

1. 分割	2. 抽取	3. 局部质量	4. 非对称	5. 合并
6. 多用性	7. 嵌套	8. 重量补偿	9. 预先反作用	10. 预先作用
11. 事先防范	12. 等势	13. 反向作用	14. 曲面化	15. 动态特性
16. 不足或过度	17. 多维化	18. 机械振动	19. 周期性作用	20. 有效持续
21. 快速通过	22. 变害为利	23. 反馈	24. 中介物+	25. 自服务
26. 复制	27. 替代品	28. 机械系统替代	29. 气压和液压	30. 柔性壳
31. 多孔材料	32. 颜色改变	33. 同质性	34. 抛弃或再生	35. 物理化学作用
36. 相变	37. 热膨胀+	38. 强氧化作用	39. 惰性环境	40. 复合材料

原理1：分割

通过将物体拆分为更小的单元，如用个人计算机代替大型计算机。利用小型卡车加拖车来取代大型卡车。在大型项目中，应用工作分解结构。

通过改变材料的结构，将它们变得更容易安装、拆除或重新构建。如组合式家居橡胶软管可利用快速拆卸接头连接层所需的长度等。

增加物体被分割的程度，如采用软百叶窗来取代传统的大窗帘，采用粉末状的焊锡达到更好的焊接效果。

原理2：抽取

将物体中"负面"的部分或特性抽取出来，如由于压缩机用于压缩空气，噪声较大，所以将其置于室外。也可只从物体中抽取必要的部分或特性，如用狗叫声作为报警器的报警声，使用录音机录制能驱离鸟的声音，而此声音是从鹰的叫声中分离出来的。

原理3：局部质量

采用温度、密度和压力的梯度，而不用恒定的温度、密度或压力。

将物品的各个部分都改造成具有不同功能的工具，如带橡皮擦的铅笔，带起钉器的榔头。

将物体的每一部分处于最有利于其运行的条件下，例如，在快餐盒里设置不同的间隔区分别存放冷、热食物和汤。

原理4：非对称

将物体的对称外形变为非对称的，如引进引入一个几何特性来防止原件不正确地使用。例如，改变U盘的位置、改变电源的连线，非对称容器或者对称容器中的非对称搅拌叶片，在模具的设计过程中，设计多种尺寸的定位销以防安装或使用中出错。

如果对象已经非对称，增加非对称的程度，如味坊增强防水保温性能，进驻采用多重坡屋顶。

原理5：合并

合并空间上同类或者相邻的物体或操作，实现多种功能。例如，网络中的个人计算机，并行处理计算机中的多个微处理器。合并时间上的同类及相邻的物体或操作，如把百叶窗中的窄条连起来。同时分析多项血液指标的多项血液检测仪器。

原理6：多用性

通过将物体进行复合，可以实现多种功能，如将牙刷的把柄、内含牙膏、可移动的儿童安全座椅等结合在一起，或者将它们单独作为儿童车，将门铃、烟雾报警器组合，带电机器的手电筒，便捷式水壶的盖子可同时作为水杯，形成全新的功能。

原理7：嵌套

通过在两个或更多的物体之间进行嵌套，可创造出各种各样的东西。例如，俄罗斯套娃便是一种典型的实例。可伸缩式物品，如电视天线、教鞭、相机镜头、钓鱼竿等。某物体穿过另一物体的空腔，如堆叠的塑胶椅，折刀和可伸缩刀等。

原理8：重量补偿

将某一物体与另一体能提升力的物体组合，补偿其重量，如救生圈，用氢气球，悬挂广告牌等。通过与环境（利用空气动力，流体动力或其他动力等）的相互作用，实现物体重量补偿，如直升机的螺旋桨（利用空气动力学），赛车安装主流板增加车身与地面的摩擦力等。

原理9：预先反作用

事先施加反作用力，消除不利影响，在进行核试验之前，应该采取措施，如给工作人员穿上防护装备，以免受到辐射线的损害。为让驾驶者清楚地观察路面上的比例和交通提示文字，路面文字的书写形状都是横粗，竖细，等等。

如果一个物体处于或将处于受拉伸状态，应预先施加压力，如在步枪射击时，必须预先用肩膀抵紧枪托，以此化解射击的后坐力。在灌注混凝土之前，对钢筋施加应力，给畸形的牙带上矫正牙套，等等。

原理10：预先作用

预置必要的动作机能，如手术前确保手术器械按照规定的顺序摆放，邮票打孔等。

在方便位置预先安装物体，使其在最适当的时机发挥作用，而不浪费时间，如在交通拥堵的地方放置指引牌，或者在手机上设置一键拨号功能。

原理11：事先防范

为确保设备的高可靠性，需要提前作出充分的预案，如胶卷底片上的磁性条可以弥补曝光度不足，在雨衣的背面放置雨衣袋，在文具盒内放置防盗锁，在紧急情况下使用应急电源、消防水管和汽车安全气囊。

原理12：等势

改变物体的动作，作业情况是物体不需要经常提升或下降，如汽车轮胎时要用千斤顶把汽车一侧顶起到与车轴水平的位置，以方便装卸轮胎；汽车制造厂的自动生产线与之配套的工具；训练有素的骆驼自动跪下，方便人骑乘，工厂中与操作台同高的传送带，方便轮椅通行的无障碍通道；为汽车维修设置的地槽等等。

原理13：反向作用

相反动作替换原有的动作，如采用冷冻技术来分离两个套井中的物质，而不是采取传统的加热方式，这样可以更有效地完成任务。

将物体或过程倒置，如使用洗眼器，通过向上喷水的方式进行清洁。针对紧急的工作，使用倒计时的方法制订工作计划。

通过改变物品的形状和结构，让物体可动部分不动，不动部分可动，将加工中心将工具旋转变为工件旋转，如大型商场中的服部扶梯，健身房中的跑步机。

原理14：曲面化

将直线平面用曲线或曲面代替，可以改善建筑物的稳定性和抗压能力，如建筑中用拱和圆提高建筑结构的强度。两表面间引入圆倒角，以减少应力集中等。

采用滚筒、球型或螺旋型的结构，如千斤顶的螺旋结构，能够提供极强的推举力。圆珠笔和钢笔的球形笔尖使书写流畅，在家具底部安装球形轮以利于移动，古代用原木运输重物等。

改变直线运动为回转运动，如洗衣机利用离心力，如可以将衣物甩干，从而达到更好的清洁效果。

原理15：动态特性

通过采用先进的自动调节技术，可以实现物体在不同操作阶段的性能优化。例如，飞机上的自动导航系统、形状记忆合金、海绵、床垫等。

将物体拆解为可以随意调整的组件，如铲车，它能够在装卸货物时打开，在移动时关闭。

通过改变物体的形态，使不动的物体可动或可适应，在医学检查中使用胃镜和结肠镜，以及可弯曲的饮用吸管等。

原理16：不足或过度

实际问题的解决稍微超过或者低于期望效果，反而会使问题极大地简化。例如，为避免船只在驶向港口的路上受到桥梁的限制，大型船只通常不会在抵达港口之前安装上部结构。

原理17：空间维数＋变化

通过改变物体的运动轨迹，使一维物体在二维平面或三维空间中移动，如使用螺旋楼梯来节省土地。此外，还可让单层排列的物体变成多层排列，如多碟CD机，立体停车库，高层建筑等。

将物品倾斜或者朝向一个方向放置，如使用垃圾自动收集车。

利用给定表面的反面，如通过在集成电路板的两端安装电子元件。

原理18：机械振动

使物体处于振动状态，如振动式电动剃须刀。

通过调节振动物体的振动频率，可以改善性能，如使用振动送料机或者使用滑弦技术来改善琴弦的振动频率和音色。

通过利用超声波碎石机的共振特性，可以有效地击碎胆结石，通过加热氢燃料实现火箭的自动点火。

用压电振动技术取代传统的机械振动。例如，在制造高精密的时钟系统中，可以采用石英晶体振动。

超声波振动和电磁场共用，如在电容炉中采用超声波，使混合金属均匀，超声波加湿器采用超声波。高频振动将水雾化为1～5微米的超微水珠。

原理19：周期性作用

利用周期性动作或脉冲替代连续性动作，如特种车辆使用的闪烁警示灯，汽车发动机内的排气阀门，警车将警笛改为周期性评价，以避免产生刺耳的声音等。

改变已有周期性运动的频率。例如，可频率调音代替摩尔电码，可任意调节频率的电动按摩椅、使用 AM 调幅或 FM 调频获 PWM 脉宽调制来传输信息等。

通过调整脉冲周期，可以实现多种有效的活动，如每5次胸廓运动，进行1次心肺呼吸、精确的节拍和技巧等。

原理20：有效持续

持续工作使物体的各个部分能同时满载工作，如当汽车处于交通拥堵的状态，可通过液压储能器来储存能源，并且可以通过调节发动机的输出保证其正常地运转。消除空闲或停止进行间歇性动作，如后台打印，不耽误前台工作，工厂里的"倒班制"，建筑或桥梁的某些关键部位必须连续浇筑混凝土等。

原理21：快速通过

快速地执行一个危险或有害的作业。例如，牙医使用高速电钻，避免烫伤口腔组织；快速切割塑料，在材料内部的热量传播之前完成，避免变形。

原理22：变害为利

通过将有害物质转化为有益的资源。例如，在化工厂中进行废热发电、回收物品二次利用，处理垃圾得到沼气或者发电，各种疫苗利用细菌或病毒产生的毒素来刺激人体产生免疫力等。

将各种有害因素结合起来，可以产生有益的效果，如潜水氧气瓶中搅拌混合气体，可以防止由于纯氧的使用而导致的昏迷和中毒。

"以毒攻毒"，即增大有害幅度直到有害性消失。如森林灭火时用逆火灭火，阻止野火的蔓延，并在野火发生之前，将其通道区域烧毁。

原理23：反馈

通过引入反馈机制，大幅提升系统的效率，如声控喷泉、自动导航、楼道声控灯等。

将已引入反馈反方向进行或改变其大小或作用，如可以根据周围的光线情况调节道路照明的强弱，电饭煲根据食物的成熟度自动加湿或断电。通过积极倾听消费者的需求，调整商业运营模式，以达到更好的服务效果。

原理24：中介物$^+$

使用中介物，可以实现各种复杂的动作，如弹琴，戴指套。还可以将不同的物体暂时结合在一起，如餐馆里的餐具托盘、捆扎物品的包装绳等。

原理25：自服务

让物体具有自补充，自恢复功能，如自补充饮水机、不倒翁玩具汽车使用有修复钢铁磨损作用的特种润滑油等。

灵活运用废弃的材料、能量与物质，如自动喷灌喷头的摆动或回转利用了水流的冲力，使用植物、果实，以及其他有机物进行施肥。

原理26：复制

使用简单且实惠的替代品来取代昂贵且难以获取的物件，如虚拟现实技术。

用图像代替实物，可以按照特定的比例放大或缩小。例如，利用卫星图像进行测量，这样可取代实地考察，通过图像来测量实物的尺寸；使用B超来观察胚胎的发育情况等。

原理27：替代品

若干便宜物体代替昂贵的物体，如使用废钢炼制钢铁，以减少原材料消耗，降低生产成本；利用废弃的纸张、破布或旧渔网等作为造纸原料，用一次性的物品，如一次性的餐具等。

原理28：机械系统替代

使用多种智能技术取代机械设备，如使用遥测技术监测家里的温度、湿度、空气流通情况。包括使用人工智能技术来检测环境，如智能家居，智能门锁，智能温度检测仪等。

利用电磁场取代机械振动，并将两种粉末进行有效地混合，以达到均匀分布的目的，有效地提高物体的性能和稳定性。

将恒定场替代可变电场，随时间变化的可运动场替代固定场。随机场替代恒定场，如早期的通信系统能够实现多维度的监测，而现在的特定发射方式的天线则能够提供更精确的信号。

把场与场作用粒子组合使用，如磁性催化剂用感应的磁场加热含磁粒子的物质，当温度超过距离点时，物质变成顺磁，不再吸收热量，从而实现稳定温度。

原理29：气压和液压

使用气垫和液体取代物体的固定部分。如通过气垫减小运动对主体的冲击，提供缓冲效果；为减缓玻璃门的开启速度，安装缓冲阻力器；使用发泡材料保护易损物品。

原理30：柔性壳

使用有柔性壳改变已有的结构，在物体与环境之间加上柔性壳，如用薄膜将水和油分别储藏、超市里包裹蔬菜和副食品的保鲜膜、野营时使用的帐篷等。

原理31：多孔材料

将多孔性材料加入物体或使物体变成多孔，如泡沫金属，蜂窝煤、建筑非承重墙所用的空心砖等。

若物体也有多孔结构，利用孔结构引入有用的物质或功能，如海绵储存液、太阳用竹炭清洁室内空气、将氢气储存在多孔的纳米管中。

原理32：颜色改变

调节物体和周围环境的颜色，如在黑暗中使用安全灯作为警示，或者使用能够随着温度变化而改变颜色的示温材料。

通过引入有色材料，极大地改善物体或过程的透明度和可视性，使得技术人员能够轻松地控制制造过程，将原本不透明的物体也能够被完美地展示出来。

随光线改变透明度的感光玻璃；确定容易酸碱度的化学试纸。

为更好地辨认物品和过程，使用一些特殊的添加剂和发光物质。例如，在充电时，在充电标签上进行标记；利用紫外线鉴别伪币；夜间施工时，施工人员外衣闪烁。

通过辐射加热改变物体的热辐射性。太阳能电池板和泡面镜的结合，可以有效地改变物体的热辐射特性，从而极大地提升能量收集的效率。

原理33：同质性

用同一材料或特性相近的材料制作主要物体及其与相互作用的其他物体，如为减少化学反应尽量使物体及包装材料一致；以金刚石粉作为切割金刚石的工具，切割后的粉末可以再次利用；汽油也可以用来清除衣物上的油渍；用泥土混合材料制作花盆。

原理34：抛弃或再生

通过溶解和蒸发技术，对完成自身功能的零部件进行改造，如胶囊药物、奶糖等的可溶性外壳、火箭助推器在完成其功能后逐步分离。

抛弃在工作过程迅速补充消耗或减少的部分，以恢复其功能及形状，如剪草机的自锐系统、汽车发动机的自调节系统、自动铅笔。

原理35：物理化学作用

改变物体的物理状态，如制作酒心巧克力时，先将酒心冷冻，然后将其在热巧克力中蘸一下；运输石油气时不用气态，而是将气体液化，减少体积便于运输。

改变物体的浓度和黏度，如采用液压洗手液取代传统的固态肥皂，可以有效地控制使用量，节约资源。

改变物体的柔度，如衣物柔顺剂可以使清洁后的衣服保持舒适柔顺，并且能够去除静电；橡胶材料硫化后，能够提高它的弹力和耐久性。

改变物体的温度或体积，如降低应用标准，将样品保存在适当的温度下以便进行后续的工作。

原理36：相变

把电能储存起来，在没有电时，从液态恢复到固态，并释放出热量。利用相变材料的高效吸热特性，可以制作出具有保护作用的减温服，即选择合适的相变材料加入衣服材料中，将这些材料包裹在平均直径500纳米的微型胶囊类放到衣物上，天气炎热时将热能吸收，天气冷时放热，实现冬暖夏凉。

原理37：热膨胀[+]

使用具有热膨胀性能的材料，如医用温度计，利用水银的热胀冷缩特性提供温度信息。在办公室内发生火灾时，自动喷淋系统的顶部安装的热敏溶液泡会因受到高温而膨胀，将水从其中喷射出来。

采用多种具有不同的热膨胀特性的元件，如高温热传导器。

原理38：强氧化作用

用富氧空气替代普通空气，如为延长水下呼吸时间，水中呼吸剂内储存了浓缩空气，火箭液体燃料就是液氧等材料。

用纯氧气代替空气，如用纯氧-乙炔法进行更高温度的金属切割、用高压纯氧杀灭伤口的厌氧细菌、用高压氧舱治疗煤气中毒等。

将空气或氧气中物体使用电离放射线处理，利用离子清洗机，可以有效地对空气和氧气进行离子氧化。

用臭氧来取代离子化氧气。如臭氧溶于水中，可去除有机污染物、杀菌洗衣机等。

原理39：惰性环境

用惰性环境替代通常的环境采用氩气或其他更加安全的气体来取代传统的照明方式，可有效地增强灯丝的耐久度、汽车轮胎内部添加氮气，改善其行走的平稳度与舒适度。

添加各种多样的或中性物质，如泡沫和吸收声波的材料，可以改善物体的性能。

通过利用高真空度、强辐射及抽真空技术，极大地增加食品的保质期；通过利用太空中的微量元素，如细胞、细胞分子、基因等进行生物变异。

原理40：复合材料

用复合材料替代均匀材料，如混纺地毯，具有良好的阻燃性能。使用铝塑混合管做暖气管道，用石英玻璃纤维制作耐热防火材料，如防火服，隔热材料，玻璃纤维制成的冲浪板，比木质板更轻，更灵活，更易于制成各种形状。

添加特定的材料，创造复合型材料，如在浇筑混凝土时添加钢筋，或者将植物纤维与塑料结合，取代木质产品，制作更加坚固耐用的托盘和包装箱。

发明创新就是解决矛盾，矛盾的解决通常可以用这40个发明原理进行解决，设计师一旦掌握了这些原理，可以极大地提升发明创造的效率，缩短发明周期，并且让许多创造性产品变得更加可预测。从资源、时间、空间三个方面对40个发明原理进行归纳分类，见表7-4。

表7-4　40条发明原理分类简表

空间		1. 分割；2. 抽取；3. 局部质量；4. 非对称；5. 合并；7. 嵌套；12. 等势；13. 反向作用；14. 曲面化；15. 动态特性；17. 空间维数$^+$变化
时间		1. 分割；2. 抽取；5.合并；9. 预先反作用；10. 预先作用；11. 事先防范；15. 动态特性；19. 周期性作用；20. 有效持续；21. 快速通过
资源	内部	6. 多用性；22. 变害为利；23. 反馈；25. 自服务；35. 物理化学作用；36. 相变；37. 热膨胀$^+$
	外部	8. 重量补偿；18. 机械振动；24. 中介物$^+$；26. 复制；27. 替代品；28. 机械系统替代；29. 气压和液压；30. 柔性壳；31. 多孔材料；40. 复合材料
	内外交互	12. 等势；32. 颜色改变；33. 同质性；34. 抛弃或再生；38.强氧化作用；39. 惰性环境

7.1.4　TRIZ解决问题的一般步骤

TRIZ解决问题的一般过程被划分为五个步骤，第一步是对给定的问题进行分析；第二步是决策，第三步是方案； 第四步是效应，最后是评价。TRIZ解决问题的一般过程，如图7-3所示：

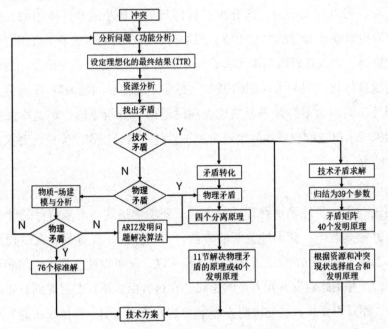

图7-3　TRIZ解决问题的一般过程

1. 分析

系统分析是解决问题的一个重要阶段，要运用各种分析工具对需求群体、市场、竞争对手、产品和生产过程等，从对立的视角作出详尽分析。通过分析工作，除对富有潜力的方向形成发展思路外，还可以培养对前景看好的发展目标的直觉。在这个阶段，需要进行如下操作：确立明确的战略目标，描述未来发展的方向，对当前的系统结构进行有序划分，建立形态矩阵，描述当前的技术水平，探究技术体系的历史演变，确定其发展水平。此外，要以完成功能的角度为导向，而不是仅从技术的角度分析系统、子系统、部件。要定义理想状态，从可供利用的材料、能量、信息和功能出发，搜索相应的结果获取更有价值的建议。对系统的各个部分进行综合考量，以便找出最佳的结构，以达到最优的结局。

根据创新原则或分隔原则解决技术或物理矛盾。假如在分析阶段问题的解已经找到，可以移到实现阶段。假如问题的解还没有找到，而该问题的解需要最大限度地创新，则应从原理、预测、效应等角度开展新的探索。在此阶段，不仅要确定前景看好的发展目标，更要有意识地选择那些似乎不能同时实现的目标，发掘创新潜力。研究这些目标与某一最小的共同原因的直接相关性，可以更好地理解发展中的矛盾。想取得跨越性的创新成果，必须打破常规思维的束缚，出人意料地实现那些看似矛盾对立的目标。在此阶段，需要将复杂的问题具体化，识别出问题的根本，并建立起存在问题的物-场模型。列出要求矩阵，找出对最终效果起决定作用的矛盾，分析矛盾，定义本来的任务（以抽象的术语或物理原理的术语表述），这一阶段以作出悖论性要求的明确表述为结束。

2. 决策

通过一步一步地确定目标，一方面，要明确达到的本来目标是什么，并清晰地界定其范围，获得冲突解的方法。另一方面，在寻找答案过程结束时要确认，设想要达到的技术进步是否已经实现。还可以使用基于德尔菲法的大趋势分析，并由此启发开发人员的思路。在这方面，不仅要考虑到直接的技术大趋势，而且也要从社会角度将发展潜力纳入考虑范围，其他领域的发展趋势同样也可以加以利用。从大趋势分析中得到启发，通过讨论确定出新产品应该有的主导参数。主导参数是为了求解目标参数而必须加以不断调整的一组参数。而目标参数则是在技术上描述所希望得到的最终结果的参数。像温度、重量、部件数目或形状都是所谓的主导参数。

3. 方案

在有了破解矛盾的思维方向或至少突破了思维障碍之后，应先去寻找一种解决方案。这一寻找过程其中也会利用TRIZ理论的40个发明原理。选择只采用系统可用资源的方法。提出创新方案的阶段就是创造新系统阶段。在这阶段，要对已知的矛盾解决方案进行检查，检查其对正在处理的具体问题的可行性。通过应用知识数据库，以物-场模型为基础，结合"40个发明原理""科学效应和现象知识库""发明问题76个标准解法"等TRIZ工具及数据库，可以找到多种抽象化的问题解决方案，并将这些方案转换为实际的技术创新方案，以满足不同的需求。

4. 效应

效应指应用本领域，特别是其他领域的有关定律解决设计中的问题。如采用数学、化学、生物等领域中的原理，解决设计中的创新问题。提出创新方案的阶段就是创造新系统阶段。在这阶段，要对已知的矛盾解决方案检查其对正在处理的具体问题的可行性。

5. 评价

评价阶段将所求出的解与理想解进行比较，确信所有的改进不仅满足了技术需求，还推进了技术创新。TRIZ理论中的特性传递可用于将多个解进行组合以改进系统的品质。并对已经修复的系统进行详细分析，以避免出现新的问题。

7.2 TRIZ理论在不同行业的应用案例

TRIZ理论在汽车制造、化工、医疗、航空、风力发电、新能源、人工智能等各个行业都有广泛的应用。

7.2.1 TRIZ 理论在汽车行业的应用

汽车行业一直是科技创新的前沿阵地。在产品设计阶段，TRIZ 理论可以帮助工程师克服传统设计方法的局限。汽车制造企业遇到车身焊接质量不稳定的问题，可通过应用 TRIZ 理论的矛盾矩阵和物-场模型，工程师识别出焊接过程中温度和压力之间的矛盾，并采用创新原则进行优化，提高焊接质量和生产效率。

例如，改进汽车发动机性能，发动机作为汽车核心部件，其性能影响整车动力性和燃油经济性。通过应用 TRIZ 理论中的矛盾矩阵和40个发明原理，工程师能识别并解决关键矛盾，在提升发动机功率的同时降低油耗。此外，还能提升车身结构强度，车身结构的强度和重量之间往往存在矛盾，利用 TRIZ 理论的物理矛盾解决方法，可以在不增加车身重量的情况下提升车身结构强度，提高汽车安全性能。在制造过程优化方面，TRIZ 理论可提高生产线的灵活性，满足多样化市场需求。例如，通过引入新的生产技术和设备，实现生产线的快速调整和切换，满足不同车型的生产需求。TRIZ 理论还可以应用于汽车的创新设计，如通过功能分析、组件分析等工具，重新审视汽车的设计，去除冗余组件或功能，优化设计，提升整体性能。同时，TRIZ 理论的 40 个发明原理为工程师提供丰富的创意源泉，实现突破性创新。

1. 某品牌汽车的车身结构优化案例

问题背景：某品牌汽车在追求高性能驾驶体验的同时，需要降低车身重量以提高燃油经济性和减少碳排放。然而，减轻车身重量不能以牺牲车身强度和安全性为代价。

矛盾分析：某品牌汽车的工程师运用TRIZ理论，识别出这是一个典型的物理矛盾，即车身既要轻又要坚固。他们通过TRIZ 理论的空间分离原理解决这个矛盾。

解决方案：在车身设计中，将主要的承载结构部分（如车架纵梁和横梁）采用高强度钢材料，这些部分承担了大部分的碰撞能量吸收和车身支撑功能。而对于车身的非关键承载部位，如车门、引擎盖和后备箱盖等部件，采用轻量化的铝合金材料。同时，利用 TRIZ 理论的嵌套原理，在一些关键的车身连接部位设计了嵌套式的加强结构，使车身在减轻重量的情况下，抗扭刚度提高了约25%，碰撞安全性也得到了显著提升。

2. 某品牌汽车的发动机热管理系统创新案例

问题背景：汽车发动机在工作过程中会产生大量的热量，有效的热管理对于提高发动机效率、降低油耗和延长发动机寿命至关重要。某品牌汽车希望优化发动机热管理系统，以满足发动机在不同情况下（如高速行驶、城市拥堵等）的散热需求。

功能分析与矛盾识别：首先，运用 TRIZ 理论的功能分析工具，对发动机热管理系统的各个功能组件（如散热器、冷却风扇、节温器等）进行分析。工程师发现了一个技术矛盾，即增加散热器的尺寸可以提高散热效率，但会增加发动机舱的空间占用和车辆重量；而减小散热器尺寸虽然节省空间和重量，但可能导致散热不足。

解决方案生成：通过 TRIZ 理论的矛盾矩阵，找到相关的发明原理，如动态特性，原理和局部质量原理。根据这些原理，某品牌设计了一种智能可变散热器系统。在这个系统中，散热器的部分区域采用了可调节的散热片结构（动态性原理），能够根据发动机的温度自动调整散热面积。同时，在散热器的关键部位使用了高效的散热材料，以增强局部的散热能力。通过这些改进，发动机在不同情况下的温度控制更加精准，燃油经济性提高了约8%。

3. 某品牌汽车的生产线优化案例

问题背景：某品牌汽车的生产线面临着生产效率和产品质量的双重挑战。传统的生产线布局和生产工艺在面对多车型、小批量生产时，灵活性不足，导致生产效率低下和质量问题频发。

物-场模型：某品牌的工程师运用 TRIZ 理论的物-场模型，对汽车生产线上的各个环节（冲压、焊接、涂装、装配等）进行详细分析。他们发现，在焊接环节，焊接设备与焊件之间的能量传递不稳定，是导致焊接质量不稳定的主要原因之一。

创新解决方案：利用 TRIZ 理论的合并原理和反馈原理。首先，通过合并原理将焊接设备与先进的传感器技术相结合，实时监测焊接过程中的参数（如电流、电压、温度等）。然后，根据反馈原理，将这些参数反馈给焊接设备的控制系统，使焊接设备能够自动调整焊接参数，确保焊接质量的稳定性。此外，在生产线布局方面，运用 TRIZ 理论的预先作用原理，对生产线进行重新规划，提前安排好不同车型的生产流程和物料供应，极大地提高生产线的灵活性。经过优化后，某品牌汽车生产线的生产效率提高了约 30 %，产品质量合格率提升至 95 % 以上。

7.2.2　TRIZ理论在化工行业的应用

在化工行业，TRIZ 理论通过系统化的方法帮助化工企业制订创新方案。提高生产效率是化工行业的永恒话题，如优化反应器设计，某化工企业采用多级反应器设计提高反应效率，利用废热回收系统降低能耗，优化反应器内部结构减少副产物生成。TRIZ 理论的矛盾矩阵和40个发明原理可用于解决技术矛盾。技术矛盾是指在改进一个参数时导致另一个参数恶化的情况，通过矛盾矩阵找到对应的发明原理，提供创新解决方案。技术系统进化法则预测技术系统的演化路径，为化工企业把握技术发展趋势制订创新策略。改善化工设备的耐腐蚀性能也是一个重要问题，某化工企业的反应釜因接触强酸腐蚀严重，通过应用 TRIZ 理论，化工企业可以找到提高设备耐腐蚀性能的方法，如采用特殊的材料涂层或改进设备结构等。

例如，在化工行业，某化工企业的反应釜由于长时间接触强酸，导致设备腐蚀严重，使用寿命缩短，维护成本较高。该化工企业应用 TRIZ 理论，发现该问题涉及设备的耐腐蚀性能与设备的成本之间的矛盾。利用矛盾矩阵，找到与之相对应的发明原理，如将反应釜的内衬材料分割为多个可更换的模块，使用廉价且耐腐蚀的新型复合材料，提高了设备的耐腐蚀性能，还降低了维护成本。

1.某化工企业反应釜设计优化案例

背景与问题：某化工企业在生产过程中，使用的反应釜存在传热效率低和搅拌不均匀的问题。传统的反应釜设计使得反应物料不能充分混合，导致反应时间延长、产品质量不稳定，并且热量传递不及时影响了整个反应过程的效率。

矛盾分析：运用 TRIZ 理论的矛盾矩阵，确定这是一个涉及"物-场的传递效率（改善的参数）""装置的复杂性（恶化的参数）"的技术矛盾。通过查找矛盾矩阵，得到了如"分割原理""动态化原理"等发明原理。

解决方案生成：根据分割原理，将反应釜的搅拌桨叶进行分割设计。把传统的整体桨叶分割成多个小型桨叶，并采用不同的形状和角度，使搅拌更加充分和均匀。根据动态化原理，在反应釜的传热系统中安装了可调节的传热板。这些传热板可以根据不同阶段物料的状态自动调整角度和位置，提高传热效率。

成果：经过优化后，反应釜内物料的混合均匀度提高了 40%，反应时间缩短了 30%，同时传热效率提高了 35%，产品质量的稳定性也得到了显著提升。

2. 化工管道防腐蚀案例

背景与问题：化工企业的管道长期受到腐蚀性化学物质的侵蚀，导致管道频繁泄漏、维修成本较高，并且存在安全隐患。传统的防腐方法如涂层保护在长期使用后容易脱落，不能有效解决问题。

矛盾识别与资源分析：通过 TRIZ 理论的矛盾矩阵，确定这是一个"管道的耐腐蚀性（改善的参数）""防腐成本（恶化的参数）"的技术矛盾。同时，利用 TRIZ 理论的资源分析方法，考虑管道周围的环境（如温度、压力、介质等），以及管道自身的材料特性等资源。

解决方案生成：应用 TRIZ 理论的发明原理，如"自服务原理"和"复合材料原理"。根据自服务原理，在管道内部设计了一种可以自我修复的防腐涂层。这种涂层在受到轻微腐蚀损伤时，能够自动释放出防腐物质进行修复。根据复合材料原理，采用一种新型的多层复合材料制造管道，管道内层为耐腐蚀的合金材料，管道外层为具有高强度和韧性的支撑材料，既提高了管道的耐腐蚀性，又保证了管道的机械性能。

成果：新的管道设计使管道的耐腐蚀性能提高了 60%，维修频率降低了 70%，极大地降低了维修成本和安全风险。

3. 化工产品分离过程优化案例

背景与问题：在化工生产中，产品分离是一个关键步骤，但传统的分离方法（如蒸馏、萃取等）存在分离效率低、能耗高的问题。例如，某精细化工产品的分离过程中，需要将两种沸点相近的有机物进行分离，常规的蒸馏方法很难达到理想的分离效果，并且会消耗大量的能源。

功能分析与矛盾矩阵应用：运用 TRIZ 理论的功能分析工具，对分离过程中的各个功能组件（如蒸馏塔、冷凝器、再沸器等）进行分析。通过矛盾矩阵，确定这是一个涉及"分离精度（改善的参数）""能量消耗（恶化的参数）"的技术矛盾，找到对应的创新原理"局部质量原理"和"相变原理"。

解决方案生成：根据局部质量原理，在蒸馏塔的内部填充了一种特殊的分离填料。这种填料在不同的位置具有不同的化学性质和孔隙结构，能够在不同的塔段对混合物进行有针对性的分离。根据相变原理，引入了一种新的辅助分离介质，这种介质在分离过程中能够通过相变吸收或释放热量，降低对外部能源的依赖。

成果：采用新的分离方法后，产品分离精度提高了50%，能耗降低了40%，提高了化工产品的生产效率和质量。

7.2.3　TRIZ理论在医疗行业的应用

在医疗电子设备研发中，TRIZ 理论发挥着重要作用。首先，通过资源分析、因果链分析等工具，能帮助工程师深入剖析问题本质，精准定位矛盾点，找到高效可行的解决方案。例如，在开发新型医疗成像设备时，利用 TRIZ 理论的资源分析方法，发掘潜在资源实现图像质量与能耗之间的最佳平衡。其次，TRIZ 理论强调创新思维培养，鼓励工程师打破常规寻求新方案。通过功能分析、组件分析等工具，工程师可以重新审视设备设计，去除冗余组件或功能，优化设计提升整体性能。同时，40 个发明原理为工程师提供丰富创意源泉，实现突破性创新。在医疗器械研发领域，TRIZ 理论的应用提高了研发效率，促进了产品性能提升和成本降低。以智能手术机器人研发为例，运用 TRIZ 理论的冲突解决原理，工程师找到优化机械臂结构和控制系统的方案，提高操作精度，降低手术风险，为患者带来更好的治疗体验。TRIZ 理论还在医疗器械的材料选择和工艺优化方面发挥重要作用，如利用物–场模型找到提高材料生物相容性和降低成本的方案，提升医疗器械安全性和可靠性，降低生产成本，提高市场竞争力。

在医疗行业，TRIZ 理论被用于解决临时石膏治疗骨折的问题。传统临时石膏固定方法存在透气性差、易潮湿等问题。运用 TRIZ 理论，将临时石膏看作一个系统，识别出固定性与透气性的矛盾。在石膏内部添加一层吸水性材料，保持干燥和透气性，既提高了患者的舒适度，又加速了骨折的愈合过程。

1. 智能胰岛素泵的创新设计案例

背景与问题：糖尿病患者需要定期注射胰岛素控制血糖水平。传统的胰岛素注射方式存在诸多不便，如需要患者手动操作，注射剂量难以精确控制，并且不能根据血糖实时变化及时调整剂量。而胰岛素泵的出现在一定程度上解决了这些问题，但仍有改进空间，如设备体积较大、便携性差，部分患者可能会出现皮肤感染等并发症。

矛盾分析：通过TRIZ 理论的矛盾矩阵，确定了"设备的尺寸（希望减小，恶化的参数）""功能的可靠性（希望增强，改善的参数）""患者的舒适度（希望提高，改善的参数）"之间的矛盾。

解决方案生成：运用 TRIZ 理论的创新原理，如"分割原理"和"嵌套原理"。根据分割原理，将胰岛素泵的一些功能模块进行小型化分割，如将电池和控制电路部分设计得更加紧凑，同时将储药器和输注装置进行合理布局，减小设备的整体体积。根据嵌套原理，在输注装置与皮肤接触的部分设计一种可嵌套式的防感染装置，它能够在输注胰岛素的同时，释放少量具有抗菌作用的物质，降低皮肤感染的风险。此外，结合"动态化原理"，通过集成动态血糖监测系统（CGM）与胰岛素泵，使胰岛素泵能够根据实时血糖数据动态调整胰岛素的输注剂量。

成果：经过改进后的智能胰岛素泵体积缩小了约 40 %，更加便携，同时皮肤感染的发生率降低了约 60 %。由于能够实时调整胰岛素剂量，患者的血糖控制更加精准，血糖波动范围减小，极大地提高了患者的生活质量。

2. 医疗废物处理系统优化案例

背景与问题：医院每天会产生大量的医疗废物，包括感染性废物、病理性废物、损伤性废物等。这些医疗废物如果处理不当，会对环境和医院人员健康造成严重危害。传统的医疗废物处理方法存在处理效率低、消毒不彻底、资源浪费等问题。

矛盾分析：运用 TRIZ 理论的矛盾矩阵，识别出"废物处理的彻底性（改善的参数）""处理成本（恶化的参数）""处理过程的复杂性（恶化的参数）"之间的矛盾。

解决方案生成：根据 TRIZ 理论的"自服务原理"和"合并原理"。自服务原理体现在设计一种具有自我消毒功能的医疗废物收集容器。容器内部带有自动喷雾消毒装置，当废物达到一定量时，自动启动消毒程序，减少了人工消毒的工作量，提高了消毒的及时性和彻底性。根据合并原理，将不同类型的医疗废物处理技术进行合并。例如，对于感染性废物，先采用高温蒸汽灭菌处理，然后进行破碎和压缩，使其体积减小，便于后续的运输和最终处理。同时，对一些可回收的医疗废物（如某些塑料制品），在经过严格消毒后，通过特殊的回收工艺进行再利用，减少了资源浪费。

成果：优化后的医疗废物处理系统使医疗废物的处理效率提高了约50％，消毒合格率达到 98％ 以上。通过资源回收利用，降低了处理成本约30％，同时也更加符合环保要求。

3.医用病床的多功能设计案例

背景与问题：在医院病房中，医用病床的功能对于患者的护理和康复至关重要。传统的医用病床功能相对单一，在辅助患者移动、防止压疮、方便医护人员操作等方面存在不足。

矛盾分析：通过TRIZ 理论的矛盾矩阵，分析出存在"病床功能的多样性（改善的参数）""病床的复杂性和成本（恶化的参数）"之间的矛盾。

解决方案生成：应用TRIZ 理论的"多用性原理"和"局部质量原理"。根据多用性原理，设计一种多功能医用病床。床体可以通过电动装置自动调整高度、角度，方便患者坐起、翻身等动作，同时也便于医护人员进行护理操作。在病床的床垫部分。根据局部质量原理，在床垫的不同部位采用不同的材料和结构。例如，在患者容易产生压疮的部位（如骶尾部、足跟部等），采用具有减压和透气功能的材料，降低压疮的发生率。此外，病床还集成了一些辅助设备，如可折叠的餐桌、输液架、呼叫系统等，为患者提供更多的便利。

成果：新设计的医用病床提高了患者的舒适度和医护人员护理的便利性。压疮发生率降低了约 40％，医护人员的操作效率提高了约 30％，同时由于合理的成本控制，病床的性价比得到了显著提升。

4. 在医疗服务创新中的应用

问题分析：明确需求痛点。通过对医疗服务流程的深入观察、患者反馈收集，以及行业数据研究等方式，确定医疗服务中存在的问题。例如，患者普遍反映医院就诊流程烦琐，包括挂号、候诊、缴费、检查等环节需要多次排队，耗费大量时间和精力；医护人员工作效率有待提高，病历记录、医嘱下达等工作还存在手工操作较多的情况，容易出现失误和延误。界定关键矛盾。分析医疗服务中相互冲突的需求或目标，这些矛盾是创新的关键突破点。例如，提高医疗服务的个性化程度与医疗资源的有限性之间的矛盾；追求医疗诊断的准确性与快速获取诊断结果的需求之间的矛盾。

矛盾分析：将识别出的矛盾转化为 TRIZ 理论中的通用工程参数，如将"医疗服务的便捷性"对应为"操作时间"，"医疗资源的利用效率"对应为"资源消耗"等。并根据矛盾矩阵查找可能的创新原理来解决这些矛盾，深入理解矛盾双方的相互作用和相互影响。例如，在提高医疗服务的个性化程度时，可能会增加医护人员的工作负担，从而影响医疗资源的利用效率，而过度追求医疗资源的利用效率，可能会减少医疗的个性化服务。通过分析这些关系，找到矛盾的平衡点。

解决方案生产：运用创新原理。根据矛盾分析的结果，运用TRIZ 理论中的 40 个发明原理产生解决方案。例如，针对提高医疗服务的个性化程度与医疗资源有限的矛盾。根据合并原理，将相似病症的患者进行分组管理，制订标准化的诊疗流程和服务方案，同时为特殊患者提供个性化的服务选项。根据"局部质量"原理，在医疗服务中根据患者的不同需求提供不同级别的服务，如普通门诊、专家门诊、特需门诊等。进行系统进化趋势分析。参考TRIZ理论中的系统进化趋势，如系统的动态性、复杂性、可控性等趋势，规划医疗服务的创新方向。例如，随着信息技术的发展，医疗服务系统向智能化、信息化方向发展进化，通过建立电子病历系统、远程医疗平台、智能诊断辅助系统等，提高医疗服务的效率和质量。引入资源分析。分析医疗服务中可利用的资源，包括人力资源、物力资源、技术资源等，并思考如何更好地利用这些资源解决问题。例如，利用互联网技术整合医疗资源，建立医疗资源共享平台，实现医院之间的检查检验结果互认、专家远程会诊等，提高医疗资源的利用效率。

成果：服务流程优化。通过对TRIZ理论的应用，医疗服务流程得到显著优化。例如，医院实施一站式服务，将挂号、缴费、检查等环节集中在一个区域，减少患者的排队时间。采用预约诊疗系统，患者可以通过手机或网络提前预约医生和检查时间，提高了就诊的效率。医疗技术创新。推动医疗技术的创新和发展。例如，运用TRIZ理论研发新型的医疗设备和器械，如更加精准的诊断仪器、智能化的康复设备等；开发新的治疗方法和技术。如基因治疗、靶向治疗等，提高疾病的治疗效果；服务质量提升。提高医疗服务的质量和患者的满意度，医护人员能够更好地满足患者的需求，提供更加个性化、高效的服务，医疗服务的安全性和可靠性也得到了显著地提高，减少了医疗事故和纠纷的发生；医疗管理改进。促进了医疗管理的创新和改进。医院的管理模式更加科学、高效，资源配置更加合理，运营成本得到降低，医院的综合竞争力得到提升。

7.2.4 TRIZ理论在航空领域的应用

在航空领域中，飞机的安全性能至关重要。传统飞机设计存在结构复杂、维护困难等问题。而运用TRIZ理论，可以分析飞机设计中的矛盾冲突，如结构强度与维护性的矛盾。根据局部质量原理，将飞机的不同部分转化为异构结构，如在飞机机翼的设计中，采用先进的复合材料替代传统金属材料，减轻重量的同时提高结构强度，同时优化结构设计，使维护更加方便高效。

解决技术矛盾是TRIZ理论在航空领域的重要应用之一。例如，航空器应既轻便又坚固，航天器应既灵活又可靠。TRIZ理论的矛盾矩阵和40个发明原理为解决这些矛盾提供了系统化方法。功能分析是TRIZ理论中的重要工具，帮助工程师识别系统中的功能和问题，找到改进机会。在航空领域，功能分析被广泛应用于系统优化。预测技术进化趋势也是TRIZ理论的优势之一，其进化法则向工程师提供了预测技术系统未来发展趋势的方法，帮助工程师和决策者制定长期创新战略。以无人机技术的发展为例，通过应用TRIZ理论的进化法则，如"节奏加快法则"和"动态性法则"，可以预测无人机技术的未来发展方向，为其进一步研发提供明确指引。在机翼升力提升方面，TRIZ 理论强调形态分析与理想化最终解，构建理想化最终解模型，明确当前设计与理想状态的差距，如引入更轻质材料、优化翼型减少阻力。面对提升升力与减轻重量、增加强度与保持灵活性等矛盾，矛盾矩阵提供解决方案指引，查找对应的发明原理创造性地解决矛盾。功能分析与资源分析帮助识别机翼功能及其相互关系，寻找提升升力的潜在途径，利用飞行环境资源，如设计更高效的翼梢小翼减少诱导阻力。

（1）波音 767 空中加油机的改型

问题背景：2003 年，波音公司在将双发波音767飞机改装成空中加油机时遇到了发动机的矛盾设计问题。一方面，飞机要维持稳定的空中飞行性能，要求发动机的设计是稳定的；另一方面，要实现飞机在飞行过程中给战斗机进行 900 加仑/分钟的燃油补给，就需要发动机在飞行过程中提供足够的额外动力，这意味着发动机的设计需要是可变的。

TRIZ 理论应用过程：通过 TRIZ 理论的矛盾分析，确定技术矛盾。然后利用矛盾矩阵等工具，找到合适的发明原理解决问题。

成果：波音公司成功解决了发动机的矛盾设计问题，赢得了 16 亿美元的空中加油机订单。

（2）航空发动机燃油喷射系统创新案例

背景与问题：航空发动机燃油喷射系统对于发动机的性能、燃油效率和排放控制至关重要。传统燃油喷射系统在不同飞行工况下，难以精确控制燃油喷射量和喷射时机，导致燃油燃烧不充分，发动机效率降低，并且产生较多有害排放物。

矛盾分析：确定"燃油喷射精度（改善的参数）""系统复杂性（恶化的参数）"之间的矛盾。通过 TRIZ 理论的矛盾矩阵，得到如"动态化原理""局部质量原理"等发明原理。

解决方案生成：根据动态化原理，设计一种自适应燃油喷射系统。该系统配备了高精度传感器，能够实时监测发动机的转速、进气量、温度等关键参数。基于这些参数，燃油喷射系统可以动态调整喷射压力、喷射量和喷射时机。例如，在飞机起飞阶段，需要较大的动力，系统会自动增加燃油喷射量和喷射压力；在巡航阶段，系统会根据实际工况精细调整燃油喷射，确保燃油充分燃烧。根据局部质量原理，在燃油喷嘴的关键部位采用特殊的耐磨、耐腐蚀材料，提高喷嘴的使用寿命和喷射精度。

成果：改进后的燃油喷射系统使发动机燃油燃烧效率提高了约 10 %~15 %，有害气体排放量减少了 20 %~30 %，同时系统的可靠性和稳定性也得到了显著提升。

（3）飞机起落架系统改进案例

背景与问题：飞机起落架需要在飞机起降过程中承受巨大的冲击力，同时要保证其在飞行过程中能够安全收起和放下。传统起落架系统存在重量较大、减震效果有限、收放机构复杂等问题，影响飞机的整体性能和运营成本。

矛盾分析：识别出"起落架的减震性能（改善的参数）""起落架重量（恶化的参数）""收放机构的复杂性（恶化的参数）"之间的矛盾。

解决方案生成：运用 TRIZ 理论的复合材料原理和嵌套原理。根据复合材料原理采用先进的复合材料制造起落架的主要结构部件，如减震支柱和机轮支架。这种复合材料具有高强度、低密度的特点，在保证起落架结构强度的同时减轻了重量。根据嵌套原理，在起落架的减震系统内部嵌套一组智能减震单元。这些单元可以根据起落架所受冲击力的大小和频率自动调整减震参数，提供更好的减震效果。

成果：经过优化后的起落架系统重量减轻了 12 %~15 %，减震性能提高了 30 %~40 %，收放机构的故障率降低了 40 %~50 %，有效提高了飞机起降的安全性和舒适性。

（4）航空复合材料机翼蒙皮制造技术创新案例

背景与问题：机翼蒙皮是飞机机翼的重要组成部分，直接影响机翼的气动性能和结构强度。传统的金属机翼蒙皮在重量、抗疲劳性能和耐腐蚀性方面存在不足。采用复合材料制造机翼蒙皮可以有效解决这些问题，但复合材料机翼蒙皮的制造工艺复杂，质量控制难度较大。

矛盾分析：分析出"机翼蒙皮质量（改善的参数）""制造工艺复杂性（恶化的参数）"之间的矛盾。

解决方案生成：根据 TRIZ 理论的合并原理和预先作用原理。根据合并原理将多种先进的复合材料制造技术相结合，如自动铺丝技术（AFP）和树脂传递模塑（RTM）技术。AFP技术可以精确地铺设纤维，提高纤维的铺放精度和效率；RTM 技术则用于树脂的灌注，确保复合材料的质量。根据预先作用原理，在复合材料制造过程中，提前对纤维进行表面处理，如涂覆特殊的黏结剂，增强纤维与树脂之间的结合力，提高机翼蒙皮的质量。同时，在模具设计中，采用智能模具系统，能够在制造过程中实时监测温度、压力等参数，并根据预设的工艺参数进行自动调整，保证制造过程的稳定性。

成果：通过这种创新的制造技术，机翼蒙皮的质量得到显著提高，其抗疲劳性能提高了 50 % ~ 60 %，耐腐蚀性增强，重量减轻了 20 % ~ 30 %。同时，制造工艺的稳定性和效率也得到了提升，降低了生产成本。

（5）航空电子设备冷却系统创新案例

背景与问题：随着航空电子设备的性能不断提高，其产生的热量也越来越多。传统的冷却系统，如空气冷却在高功率电子设备面前效率低下，而液体冷却系统虽然效率高，但存在泄漏风险和复杂的维护问题。

矛盾分析：确定"电子设备冷却效率（改善的参数）""冷却系统风险和维护复杂性（恶化的参数）"之间的矛盾。

解决方案生成：应用 TRIZ 的相变原理和自服务原理。相变原理利用了某些物质在相变过程中能够吸收大量热量的特性。设计了一种基于相变材料的冷却系统，将相变材料与航空电子设备紧密接触。当设备温度升高时，相变材料吸收热量并发生相变，从而有效地降低设备温度。自服务原理体现在冷却系统的自我监测和自我修复功能上。系统内置传感器，能够实时监测冷却系统的状态，如相变材料的状态、温度和压力等。一旦发现泄漏或其他故障迹象，系统会自动采取措施，如启动备用冷却通道或进行局部修复，降低了系统的维护复杂性和风险。

成果：新的冷却系统使航空电子设备的冷却效率提高了 60 % ~ 70 %，同时极大地降低了冷却系统的维护成本和风险，提高了航空电子设备的可靠性和使用寿命。

7.2.5 TRIZ理论在新能源和光伏领域的应用

TRIZ理论在新能源和光伏领域有着广泛且重要的应用。

在新能源汽车领域，TRIZ 理论强调对问题的深入分析和系统化思考，通过创新工具和算法，实现创新性思维突破。在电池技术创新方面，根据 TRIZ 理论的冲突解决原理，针对电池能量密度、充电速度、寿命等方面的矛盾进行优化设计，提出创新解决方案，还能发现潜在问题并提出改进措施，提高电池整体性能。在电机与驱动技术创新方面，有助于提升电机效率和驱动系统可靠性，如运用矛盾矩阵和创新算法，针对电机效率与噪声、振动之间的矛盾优化设计，提出新型电机结构或材料选择方案，解决驱动系统中的复杂问题，提高传动效率、降低能耗。在整车设计与优化方面，通过创新工具和算法，实现更好的系统集成和性能优化，如在车身结构设计中，解决结构强度与轻量化之间的矛盾，提出新型材料和结构设计方案。在整车控制策略优化方面，发现潜在问题并提出改进措施，提高整车性能和稳定性。

在能源行业，TRIZ 理论通过分析大量专利和技术文献，识别出解决问题的共性原则，为创新提供系统性指导。例如，在提高能源转换效率方面，通过识别系统中的技术矛盾，提高能源转换效率，如在热电转换和风力发电中，解决提高热效率与降低热损失、提高发电效率与减少风力对设备损伤等矛盾。在可再生能源技术优化方面，如太阳能电池中，在提高光电转换效率的同时降低生产成本；在风力发电中，在提高发电效率的同时减少对环境影响。

在太阳能光伏行业，TRIZ 理论有五大亮点。第一，效率突破方面，最终理想解原则鼓励追求零能耗、零排放的太阳能转换，设计更高效的光伏材料、电池结构及转换机制；第二，成本控制方面，利用资源分析与40 个发明原理，识别并优化浪费资源的地方，开发成本更低、寿命更长的光伏产品；第三，智能化升级方面，结合动态性与可进化性原则，光伏系统向智能化、自适应方向发展；第四，系统集成创新方面，技术系统进化法则为光伏系统整体优化提供指导；第五，环境适应性增强方面，矛盾矩阵等工具帮助解决设计中的矛盾问题，提高光伏板在不同环境下的发电效率，增强对恶劣天气的抵抗能力。

（1）光伏电池封装材料创新案例

背景与问题：光伏电池封装材料的性能对电池的寿命、光电转换效率和稳定性有重要影响。传统的封装材料存在水汽透过率较高、抗老化性能不足等问题，导致光伏电池在长期使用过程中性能下降，如出现电池片腐蚀、封装材料黄变等现象。

矛盾分析：通过 TRIZ 理论工具分析，发现存在"封装材料的防护性能（改善的参数）""材料成本和光学性能（恶化的参数）"之间的矛盾。

解决方案生成：根据复合材料原理，研发一种新型的复合材料作为封装材料。将具有良好阻隔水汽性能的无机材料（如氮化硅）与具有优异光学性能和柔韧性的有机材料（如乙烯 - 醋酸乙烯酯共聚物，EVA）进行复合。通过特殊的工艺，使无机材料以纳米尺度均匀分散在有机材料中，形成一种兼具高水汽阻隔性、良好光学透过率和机械性能的封装材料。

根据局部质量原理，在封装材料与光伏电池片接触的一侧，添加一层具有自修复功能的材料。这种材料可以在受到微小损伤（如划痕、局部老化）时，通过自身的化学反应自动修复损伤部位，防止水汽和氧气浸入，进一步提高封装材料的防护性能。

成果：新的封装材料使水汽透过率降低了约 70 %，抗老化性能提高了约 50 %。在长期户外测试中，光伏电池的性能衰减率明显降低，有效延长了光伏电池的使用寿命，同时材料成本仅增加了约 15 %，综合效益显著。

（2）新能源汽车充电桩技术优化案例

背景与问题：随着新能源汽车的普及，充电桩的性能和用户体验成为关键问题。传统充电桩存在充电速度慢、兼容性差（不同车型和电池规格充电适配问题）、安全隐患（如充电过程中的过热、过充等）等问题。

矛盾分析：确定存在"充电效率和安全性（改善的参数）""充电桩的复杂性和成本（恶化的参数）"之间的矛盾。

解决方案生成：运用动态化原理和合并原理。根据动态化原理，设计一种智能充电桩，其充电功率可以根据新能源汽车电池的状态（如剩余电量、电池温度、电池类型等）动态调整。例如，在电池电量较低且温度适宜时，提高充电功率，加快充电速度；当电池接近充满或温度过高时，降低充电功率，避免过充和过热。同时，根据合并原理，将多种充电接口标准集成在一个充电桩上，通过自动识别车辆的充电接口类型，实现兼容性充电。

运用自服务原理和反馈原理。在充电桩内部，根据自服务原理，设置自动检测和自我修复系统。当检测到充电模块或线路出现故障时，能够自动切换到备用模块或进行简单的修复操作。根据反馈原理，充电桩实时将充电状态信息（如充电进度、预计充满时间、故障提示等）反馈给用户的手机应用程序，提高用户体验和安全性。

成果：优化后的充电桩充电速度提高了约 40 %，兼容性达到了 90 % 以上，安全事故发生率降低了约 60 %。用户满意度大幅提升，有效推动了新能源汽车的使用便利性。

（3）太阳能光热发电系统效率提升案例

背景与问题：太阳能光热发电系统通过聚焦太阳能加热工作介质，进而使蒸汽驱动涡轮机发电。然而，传统光热发电系统存在集热效率有限、热量损失较大（如在管道传输过程中、储热过程中）等问题，导致整体发电效率较低。

矛盾分析：分析出"光热转换和热量利用效率（改善的参数）""系统复杂性和成本（恶化的参数）"之间的矛盾。

解决方案生成：应用局部质量原理和嵌套原理。在集热器表面，根据局部质量原理，采用选择性吸收涂层。这种涂层在太阳光谱范围内具有高吸收率，而在红外波段具有低发射率，能够有效减少热量的辐射损失，提高集热效率。根据嵌套原理，在储热系统中，将高温储热罐和低温储热罐嵌套设计。高温储热罐存储高温工作介质，用于直接驱动涡轮机发电；低温储热罐存储从发电后的工作介质中回收的热量，用于预热进入集热器的工作介质，从而提高热量的整体利用效率。

应用动态特性原理和合并原理。根据动态特性原理，设计一种可调节的聚光系统。该系统可以根据太阳位置和光照强度动态调整反射镜或透镜的角度和聚焦位置，确保太阳能始终高效地聚焦在集热器上。根据合并原理，将不同类型的光热转换技术（如塔式、槽式、碟式）进行组合，根据实际工况（如场地面积、光照条件等）选择最优的组合方式，提高系统的适应性和效率。

成果：太阳能光热发电系统的光热转换效率提高了约 30 %，热量利用效率提高了约 25 %，发电成本降低了约 20 %，增强了光热发电在新能源领域的竞争力。

（4）新能源汽车电池热管理系统创新案例

背景与问题：新能源汽车的电池在充放电过程中会产生大量热量，过高的温度会影响电池的性能、寿命和安全性。传统的电池热管理系统存在散热效率低、温度均匀性差等问题。

矛盾分析：确定"电池温度控制效果（改善的参数）""热管理系统的复杂性和能耗（恶化的参数）"之间的矛盾。

解决方案生成：采用液冷和相变材料组合（合并原理）。根据合并原理，将液冷系统和相变材料相结合用于电池热管理。液冷系统通过冷却液循环带走电池产生的大量热量，相变材料则在电池温度快速上升阶段吸收热量，实现对电池温度的快速响应和平稳控制。

智能控制与优化布局（动态特性原理和局部质量原理）。根据动态特性原理，设计智能热管理系统，通过温度传感器实时监测电池温度，根据温度变化动态调整液冷系统的流速和相变材料的工作状态。在电池模组布局方面，根据局部质量原理，利用电池的发热特性，将发热量大的电池单元放置在散热效果更好的位置，或者采用局部强化散热的措施，提高温度均匀性。

成果：电池热管理系统的散热效率提高了 40 % ~ 50 %，电池模块内的温度差异控制在较小范围内，延长了电池寿命，同时降低了因温度过高导致的安全风险。

7.2.6 TRIZ理论在人工智能领域的应用

人工智能是当今社会学习的发展趋势，TRIZ理论与人工智能的结合具有广阔的发展趋势。

在问题分析与解决方面。随着人工智能算法的不断进步，能够更加准确地提取问题中的关键信息，结合 TRIZ 理论的问题分析工具，对复杂问题进行更细致、更精准的定义，为后续的创新解决方案奠定坚实的基础。人工智能可以快速处理大量数据，自动识别技术矛盾和物理矛盾。例如，在工程领域中，通过对产品性能数据的分析，准确找出提高某一性能指标与其他指标之间的矛盾关系，然后利用 TRIZ 理论的40个发明原理进行针对性解决。

在创新方案生成方面。利用人工智能的机器学习和深度学习能力，结合 TRIZ 理论的40个发明原理，为不同类型的问题自动推荐最适合的创新方案。例如，在产品设计过程中，根据用户需求和技术限制，快速生成多个可行的设计方案供设计师选择。人工智能可以对 TRIZ 理论生成的创新方案进行评估和优化。通过模拟和仿真技术，预测方案的实施效果，评估其可行性和潜在风险。同时，根据评估结果对方案进行调整和改进，提高方案的质量和实用性。

在跨领域应用方面。人工智能与 TRIZ 理论的结合将不仅局限于传统的工程技术领域，还将在医疗、金融、教育等领域发挥重要作用。例如，在医疗领域，利用这一结合方法可以创新医疗设备设计、优化医疗流程，提高医疗服务的质量和效率。在教育领域，这种结合将促进不同学科之间的交流与合作。人工智能专家、TRIZ 理论专家，以及各领域的专业人士可以共同合作，发挥各自的优势，解决复杂的跨学科问题。

在持续学习与进化方面。人工智能系统可以通过不断学习新的问题案例和创新方案，改进自身的性能。随着时间的推移，能够更好地理解 TRIZ 理论的40个发明原理，并将其应用于更广泛的问题场景中。动态更新创新库，结合人工智能的大数据分析能力，可以实时跟踪科技发展动态和市场需求变化，动态更新 TRIZ 理论的发明原理库和案例库，确保创新方法始终保持与时俱进。

（1）深度学习模型超参数优化案例

背景与问题：在深度学习中，模型的超参数（如学习率、批大小、神经网络层数和节点数等）对模型的性能（包括准确性、收敛速度和泛化能力）有显著影响。然而，超参数的调整是一个复杂且耗时的过程，传统的手动调整或简单的网格搜索方法效率低下，并且很难找到最优的超参数组合。

矛盾分析：通过 TRIZ 理论的矛盾矩阵，识别出"模型性能（改善的参数）""超参数调整的时间和复杂性（恶化的参数）"之间的矛盾。

解决方案生成：根据动态特性原理，设计一种自适应的超参数调整算法。例如，在训练过程中，根据模型的损失函数变化率动态调整学习率。如果损失函数下降缓慢，自动增加学习率加快收敛；如果损失函数出现振荡，降低学习率。同时，根据自服务原理，使模型在训练过程中自动评估自身的性能，根据性能指标（如验证集准确率、F1 值等）自动触发超参数调整机制，减少人工干预。根据合并原理，将不同的超参数调整策略组合起来。例如，在训练初期采用较大的学习率和较小的批大小，快速探索参数空间；在接近收敛阶段，切换到较小的学习率和较大的批大小，提高模型的稳定性和泛化能力。在神经网络架构方面，根据局部质量原理，对不同的层采用不同的初始化方法和正则化策略。例如，在输入层采用较小的权重初始化，避免梯度爆炸；在隐藏层根据数据的复杂程度调整节点数，提高模型的表达能力。

成果：通过这些优化，深度学习模型的训练时间缩短了约 40 %，同时模型在测试集上的准确率提高了 10 % ~ 15 %，有效地提升了模型性能和训练效率。

（2）人工智能在医疗影像诊断中的应用案例

背景与问题：在医疗影像（如 X 光、CT、MRI）诊断领域，人工智能辅助诊断系统面临着提高诊断准确性、减少假阳性和假阴性率、处理不同设备和成像质量差异等问题。例如，不同医院的 CT 设备成像参数和质量不同，这会影响人工智能对疾病的诊断准确性。

矛盾分析：确定存在"诊断准确性（改善的参数）""模型对成像差异的适应性和复杂性（恶化的参数）"之间的矛盾。

解决方案生成：在模型训练过程中，根据局部质量原理，对医疗影像的不同区域（如病变区域和正常组织区域）采用不同的特征提取方法。对于病变区域，重点提取与疾病相关的特征（如肿瘤的形状、密度、边界等）。根据合并原理，将多种医学影像模态（如 CT 和 MRI）的信息进行组合输入到模型中。例如，对于脑部疾病诊断，同时使用 CT 图像的颅骨结构信息和 MRI 图像的软组织信息，提高模型对疾病的识别能力。根据动态特性原理，设计一种可以动态适应不同成像质量的诊断模型。该模型可以根据影像的分辨率、对比度等质量参数自动调整特征提取和诊断策略。例如，对于低分辨率的影像，采用更粗粒度的特征提取方法。通过反馈原理，收集临床医生对模型诊断结果的反馈，将反馈信息用于模型的迭代优化，提高模型的准确性。

成果：优化后的人工智能医疗影像诊断模型对疾病的诊断准确性提高了 20 % ~ 30 %，假阳性和假阴性率分别降低了 30 % ~ 40 %，能够更好地适应不同医院的成像设备和质量差异，为医疗影像诊断提供了更可靠的辅助工具。

（3）强化学习在机器人控制中的应用案例

背景与问题：在机器人控制领域，强化学习算法让机器人学习最优的行为策略。然而，传统强化学习算法在面对复杂环境和多任务场景时，存在学习效率低、收敛速度慢、容易陷入局部最优解等问题。例如，在仓储物流机器人执行货物搬运任务时，要考虑仓库布局、货物堆放位置、交通规则等多种复杂因素。

矛盾分析：分析出"机器人学习效率和策略最优性（改善的参数）""算法复杂度和探索-利用权衡（恶化的参数）"之间的矛盾。

解决方案生成：根据分割原理，将机器人的任务和环境划分为多个子任务和子区域。例如，在仓储物流场景中，将仓库分为不同的存储区和通道，让机器人先在简单的子区域学习基本的移动和搬运策略。根据局部质量原理，对机器人在不同子区域和任务阶段的行为给予不同的奖励机制。例如，在靠近货物存放位置时，重点奖励机器人的精准定位行为；在通道行驶时，奖励遵守交通规则的行为，以引导机器人更快地学习到最优策略。根据动态特性原理，设计一种动态调整学习率和探索概率的强化学习算法。在学习初期，提高探索概率，让机器人更多地尝试不同的行为。随着学习程度的加深，逐渐降低探索概率，加强对已学到的有效策略的利用。同时，结合多种强化学习算法（如深度Q网络和近端策略优化算法），根据任务的不同阶段和环境的复杂程度选择合适的算法组合，提高学习效率。

成果：通过这些改进，机器人在复杂环境中的学习效率提高了约 50 %，收敛速度加快了约 60 %，能够更快地找到接近全局最优的行为策略，有效提升了机器人在仓储物流等任务中的工作效率和性能。

（4）智能机器人研发案例

背景与问题：在工业制造场景下，需要研发一款能够在复杂多变的生产环境中进行高精度装配作业的智能机器人。传统机器人在面对新型零件、不同规格产品或者不规则的装配位置时，适应性较差，编程和重新调整难度大。

矛盾分析：利用 TRIZ 理论的功能分析工具，明确机器人的核心功能包括零件识别、抓取、定位和装配，以及在复杂环境中的自适应能力。

解决方案生成：通过 TRIZ 理论的矛盾矩阵来分析机器人精度和灵活性之

间的矛盾。例如，为提高精度，机器人的机械结构和控制系统通常较为复杂，但这会降低其灵活性。根据 TRIZ 理论的发明原理，如分割原理，将机器人的动作规划和执行模块进行分割，利用人工智能算法（如强化学习）对动作规划模块进行优化，使其能够根据不同的任务场景快速生成合适的动作策略。根据 TRIZ 理论的动态特性原理，结合计算机视觉（人工智能技术）实现机器人对不同零件和装配环境的动态识别。通过深度学习算法训练机器人的视觉系统，使其能够实时感知环境变化，并将信息反馈给控制系统，从而提高机器人的自适应能力。

成果：研发出的智能机器人能够在多种产品的装配线上高效工作，减少了重新编程和调整的时间，装配精度提高了 30%，生产效率提升了 40%。

（5）智能客服系统优化案例

背景与问题：企业的在线客服系统面临着巨大的咨询量，需要快速准确地回答客户问题。但随着业务的扩展和客户问题的多样化，传统的关键词匹配式客服系统无法满足需求，存在回答不准确、不能理解复杂语义等问题。

矛盾分析：利用 TRIZ 理论的理想度概念，设定智能客服系统的理想状态为能够像人类客服一样准确理解各种复杂问题并提供满意的回答，同时占用最少的资源（如计算资源、人力维护资源）。

解决方案生产：利用 TRIZ 的因果链分析，找出影响客服系统回答质量的因素，如语义理解不准确、知识图谱不完善、回答策略单一等。针对语义理解问题，根据 TRIZ 理论的发明原理，如合并原理，将自然语言处理中的词向量模型和语法分析模型进行合并，利用深度学习的 Transformer 架构（如 BERT 模型）提高对客户问题的语义理解能力。结合 TRIZ 理论的资源分析，挖掘客服系统中未充分利用的资源，如历史客户咨询记录和常见问题解答文档。通过人工智能的数据挖掘技术，对这些资源进行分析和整理，构建更完善的知识图谱，用于辅助客服系统回答问题。

成果：优化后的智能客服系统回答准确率提高了约 60%，客户满意度提升了 45%，极大地减轻了人工客服的压力。

（6）智能安防监控系统案例

背景与问题：在城市安防监控中，需要从海量的监控视频中快速发现异常行为和潜在安全威胁。传统的监控系统主要依靠人工查看或者简单的运动检测算法，效率低下且容易遗漏重要信息。

矛盾分析：基于 TRIZ 理论的技术系统进化法则，分析安防监控系统的发展趋势，确定向智能化、自动化和集成化方向发展的目标。

解决方案生成：运用 TRIZ 理论的矛盾分析，找出监控范围和识别精度之间的矛盾。为解决这个矛盾，根据TRIZ理论的发明原理，如嵌套原理，将高精度的行为识别算法（如基于深度学习的人体行为识别算法）嵌套在广域监控系统中。通过视频分析技术对监控区域进行分区和目标筛选，并对重点目标应用行为识别算法。利用 TRIZ 理论的物 - 场分析方法，构建安防监控系统的物 - 场模型，将监控设备（物 1）、异常行为（物 2）和智能分析算法（场）联系起来。通过不断优化物-场模型，提高系统对异常行为的检测能力。

成果：智能安防监控系统能够在短时间内对监控视频中的异常行为进行预警，异常行为检测率达到 90 % 以上，有效提升了城市的安全防范水平。

（7）智能交通流量预测案例

背景与问题：城市交通管理部门需要准确预测交通流量，以便进行交通疏导和信号灯控制，但交通流量受到多种因素（如天气、时间、突发事件等）的复杂影响，传统的预测模型准确性有限。

矛盾分析：借助 TRIZ 理论的问题分析方法，梳理影响交通流量的各种因素，将交通系统看作一个复杂的技术系统。

解决方案生成：运用 TRIZ 理论的技术矛盾和物理矛盾分析。提高预测模型的复杂度可以提高预测准确性，但会导致计算成本增加和模型训练时间延长（技术矛盾）。同时，交通流量在不同时段和区域有不同的特性，需要在统一模型和个性化模型之间找到平衡（物理矛盾）。根据 TRIZ 理论的发明原理优化交通流量预测模型。例如，根据合并原理，将不同的机器学习算法（如长短时记忆网络和卷积神经网络组合起来，充分利用各自的优势，同时结合天气、路况等多源数据进行综合预测。

成果：交通流量预测的准确率提高了 20 % ~ 30 %，为城市交通的智能化管理提供了更有力的支持。

【案例7-1】

可折叠餐桌

当一家人一起吃饭时，需要一张餐桌。人们希望餐桌足够大，因为只有它足够大，才可以放更多的菜。但是对于房子比较小的家庭，希望餐桌足够小，因为足够小的餐桌不会占用太多空间。这里要解决的一个问题就是餐桌要大有小。而折叠餐桌可以完美解决这个问题。然而，一开始餐桌是不可折叠的，但人们发现了不可折叠餐桌的一些不便，于是发明了可折叠餐桌。

用 TRIZ 理论创新方法来解决这个问题：

说明：餐桌面积要大一些，可以放更多的菜；但是餐桌的面积要小，不会占用太多空间。

关键词：吃饭的时候餐桌的面积要大一些，因为可以放的菜比较多；但是不吃饭的时候餐桌的面积要小，因为不会占用太多空间。

吃饭时餐桌的面积要大一些，不吃饭时要小一些。较大和较小餐桌的两种相反需求发生在不同的时间，在 TRIZ 理论的创新方法中，采用基于时间的分离的方法解决这个问题，这种方法对应5个发明原理（40个发明原理中的5个），采用动力学的发明原理可以得到可折叠餐桌的解决方案。

7.3 PDCA循环

PDCA循环是美国质量管理专家沃特·阿曼德·休哈特（Walter A. Shewhart）首先提出的，由威廉·爱德华兹·戴明（William Edwards Deming）采纳、宣传，获得普及，所以又称戴明环，作为一种完善的、有效的、循环式的全面质量管理方法。其中包括：从设定质量目标到落实，再到持续改进，每一步都在以一种循环的方式进行，从而达到最佳的效果。创造力源于对特定目标的探索，可以帮助人们找到更好的解决办法，带来全新的产品、技能、策略、概念和观点。创新活动的展开遵循这样一个过程：P—计划；D—执行；C—检查；A—处理。或提交了成果后，对活动经验和产生的方法进行总结，为下一次循环提供参考。

【案例7-2】

PDCA循环"四不放过"原则

某工厂用PDCA循环"四不放过"原则解决问题（引申于对安全事故的"四不放过原则"），原则包括：原因未查明不放过、相关责任人未受到追究不放过、相关群众未受到教育不放过、没有长期改善措施不放过。四不放过原则可被用于解决工厂问题，可以就用它来制订一个"四不放过问题记录表"，就是PDCA见表7-5。

表7-5　四不放过记录表

序号	日期	事故现状描述	应急措施	原因分析	责任人处理	横向展开教育	改善对策	备注
1	11/8	迈高胶皮到HSG尺寸偏长	返工	1.脱皮定位尺寸未标记，没有防止保作用；产品检验员未按标准严格检验	责任人通报批评	对本部门班组长展开专案品质教育	1.脱皮机采用胶水定位；要求检验员按照要求严格检验，及时挑出不良品	

【案例7-3】

某工厂压缩库存的PDCA循环

（1）计划：期初制订一个考核目标并采取行动。

（2）实施：在期中认真执行行动计划。

（3）检查：每月评估行动计划的实施情况。

（4）改进：发现并解决问题，在月末评估中制订下一个改进目标，进入下一轮工作。

通过PDCA循环，对工厂的管理和工作流程进行了改进，确保了各种任务的正确执行和优化，避免进一步的损失和风险。

7.3.1　PDCA循环管理的特点

1. 大循环套小循环，相互促进

PDCA是一种有效的组织管理技术，可以帮助企业实现高效的行政管理。

尤其是质量管理，不仅可以应用于企业的各个领域，而且还可以帮助企业的员工更好地完成自己的任务，从而提高企业的效率和绩效。因此，整个企业就是一个大的PDCA循环，依次又有更小的PDCA循环，甚至具体落实到每个人，上一级的PDCA循环是下一级PDCA循环的根据，下一级PDCA循环优势上一级PDCA循环的贯彻落实和具体化。通过不断重复和协调，将企业的所有工作紧密结合在一起，彼此协同，相互促进。

2. 不断循环上升

四个阶段的运行是一个循环，每一步都会带来新的挑战，就像爬楼梯一样，不断攀登，不断前行。经过一个循环解决一个问题，如此往复，管理水平也在不断提高。

3. 推动PDCA循环，关键在A

A是对总结检查的结果进行处理，既要求人们总结经验，肯定成绩，纠正错误，又要求人们采取有效的措施，使其融入标准、程序、制度之中，这样才能够实现PDCA循环，使得工作得以持续改进，避免同类问题再次出现，从而实现更大的进步。

7.3.2 PDCA循环的步骤

PDCA循环包含四个阶段、8个步骤：分别是分析现状、分析原因、找出主要因素、制订计划、执行计划、调查效果、总结教训，进入下一循环，如图7-4所示。

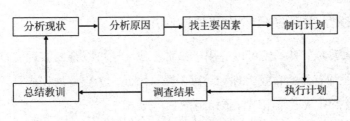

图7-4 PDCA循环图

1. 分析现状和原因

在制订计划之前，需要对当前的情况进行全面的评估。确定存在的问题，包括质量、时间、安全和效率等方面。

2. 找主要因素

分析各种问题中的影响因素，这个阶段可以使用许多不同的方法，如鱼骨图、5W2H分析法、4M管理，等等，用这些方法分析，到底有哪些因素？

对各个因素进行全面评估之后，确定最重要的因素。每个问题的出现都有少数主要的因素。例如，十个因素会对该问题产生影响，根据二八定律，最重要的因素可能只有两三个。只有找到最重要的因素，才能彻底解决问题，否则将无法获得成功。

3. 制订计划

分析到主要因素以后，针对主要因素采取措施。在采取措施时，要考虑这些问题。

这个措施为什么要制订？要达到什么目标？在什么地方去做？由谁来做？什么时候做？怎样做？

4. 执行计划

就是按照措施计划的要求去做，执行一般都是要求员工去执行。

5. 调查结果

把执行结果与要求达到的目标进行对比。

6. 总结教训

总结出成功的经验，将其制定为标准。将未能解决的问转入下一个PDCA循环中去解决。每个问题不一定只依靠一次PDCA循环就能够解决掉的，有时候可能要转几次。

7.3.3 PDCA循环在日常生活中的应用

PDCA循环工具不仅可以应用于日常工作，还可以帮助实现"日事清"的目标，是一种有效的自我管理和约束手段。因此，为更好地完成日常工作，可以制作一个PDCA工作循环日志模板。

P：今日计划。每天完成7项任务，提升自身的工作效率。

①计划内容：根据当天的计划，完成 6~7 项工作，包括重点项目、日常项目和临时工作，根据每项的重要性和紧迫程度用数字表示，标记时间、人物、事项、完成进度，关键注意点。确立当前的任务，按照重要性、紧迫性和

重要性的顺序来安排；②制定考核标准；③审核完成情况；④点一盏心灯：通过阅读一些有益的句子和谚语，养成一种对生活充满希望的态度，并为自己提供一盏智慧的明灯。

D：今日事务全记录。设定明确的目标和完成的进度。具体任务包括：今日任务、行程安排，以及任务的最终完成情况；

①实施具体任务、处理日常事务，记录当天的工作进展。②今日灵感：养成随时记录自己的灵感（主意、点子、思想火花、很有诗意、很有哲理的句子等），防止智力资源浪费的习惯。将一些突发的写作灵感随时记录，定时整理，包括每天发现的问题，解决问题的方法、合理化建议及临时的灵感，只言片语等。把所有的思考都收集起来，不论何时何地，不断积累、反思，并将其付诸行动；③今日学习：不断提升自身能力，养成每晚反思当天所学知识，及时复习、记忆并保存的良好习惯。定期进行学习总结，详细记录学习内容，以及学习效果，并将其应用到日常工作中；④每天写日记：日常生活工作中经常会遇到一些小的问题，这些能激发出新的思路和灵感，应该将其记下来。

C：检查问题点在处理本项工作的过程中发现的问题和潜在风险，以及工作中应注意的情况。解决对策：对于发现的问题，应如何去解决。

A：今日反省。每天要深入思考自身的学习、工作、思维、行动，从而不断提升自身的能力。每天晚上要对自己的一天工作进行总结和归纳，获取经验教训。

①当天工作亮点、工作心得、感受；②改进方法：从当天工作中吸取教训，并对不满意的事情提出有效的改进措施，以及有效的预防和控制潜在风险的措施，以便实现更有效的行动计划；③突然闪现的灵感，对某事某物的看法：今天什么事情没做完（做完了什么事）、今天什么事情没做好（做好了什么事）、今天什么事情没有做（做了什么事）。

P：明天计划

明天该做什么事、明天该怎么做好该做的事。养成每天晚上计划第二天要做的事，按首要、紧迫、必须、打算排列好，及时提醒，养成"当日事，当日毕"的习惯。

【思考与练习】

1. 简述TRIZ理论的核心思想和解题模式。

2. 运用PDCA循环理论，为自己制订短期和长期规划，提升学习质量。

3. 简述技术冲突的解决原理。

4. 简述物-场模型分析方法的含义及物-场模型的分类。

第三篇

创新实践

8 创新型组织

课程目标:

1. 引导学生了解创新型组织定义、结构。
2. 激发学生成为创新型组织一员的意愿。

主要内容:

1. 了解创新型组织为适应知识经济时代信息化、全球化需要,以知识为基础的开放、互动,有利于学习与知识创新的组织结构,以及其出现的背景和意义。

2. 理解创新型组织扁平化、网络化、虚拟化的特点,并通过案例熟悉其在现实组织中的应用。

3. 理解并掌握企业全员创新的过程及演化阶段,为未来企业实践奠定基础。

【导入案例】

深圳华为-创新型组织的崛起

1988年,深圳市华为技术有限公司,便以其卓越的创新能力和稳健的发展步伐,在通信设备领域迅速崛起,成为全球瞩目的高科技企业典范。华为的成功,不仅是技术与市场的双重胜利,更是其作为创新型组织持续进化的生动写照。

华为深知,在快速迭代的高科技行业,持续的技术创新是生存与发展的基石。公司每年将销售额的约 10 % 投入科研。1998年,这一比例已达8.8亿元，1999年更是激增至15亿元，展现了华为对研发不遗余力地投入决心。这样的投资规模，不仅为华为构建了强大的技术壁垒，也为其后续的产品创新和市场拓展奠定了坚实的基础。

华为的研发体系由产品战略规划办、中央研究部、中间试验部和技术工程部四大部门构成，形成从产品规划到商品化的完整闭环。这一体系确保了华为能够快速响应市场变化，高效地将研发成果转化为市场竞争力。华为拥有超过3200名研究开发人员，占员工总数的40%，这一比例远超行业平均水平，彰显了华为对技术创新人才的高度重视。

华为的成功，在一定程度上归功于其独特的人才战略。其现有员工8000多人，平均年龄仅27岁，其中85%具有大学本科及以上学历，这支年轻且高素质的团队，为华为带来了无限的活力与创造力。华为通过建立一套行之有效的激励机制，包括竞争力的薪酬福利、广阔的职业发展空间，以及鼓励创新的企业文化，成功吸引了大量行业精英，并有效激发了他们的潜能。

华为不仅重视人才的引进，更注重人才的培养与保留。通过内部培训、海外研修、股权激励等多种方式，华为构建了一个人才成长与企业发展相互促进的良性循环，确保了企业在激烈的市场竞争中始终保持人才优势。

面对复杂多变的市场环境，华为不断探索和实践创新型组织的建设。通过构建扁平化的管理架构，华为实现了决策的高效与灵活。同时，其强调跨部门、跨地域的协作，促进了知识与资源的快速流动与整合。华为在全球范围内设立了多个研发中心和市场销售办事处，形成全球化的研发与市场网络，这种组织模式极大地提升了华为的响应速度和市场竞争力。

特别是在无线及移动通信、数据通信等关键技术领域，华为通过大规模的研发团队和一体化协作，不断突破技术瓶颈，推出了多款具有国际竞争力的产品，如ASIC芯片设计水平达到0.35um的先进通信设备，这些成就不仅巩固了华为在行业内的领先地位，也为中国乃至全球通信技术的发展作出了重要贡献。

华为的创新之路，是一条不断探索与超越的征程。通过高额的科研投入、前瞻的人才战略、灵活高效的组织模式，华为成功打造了一个充满活力、持续创新的组织生态。从交换机、接入网到移动通信、智能网，华为的产品和服务遍布全球，赢得了广泛的市场认可与赞誉。华为的故事，是对"创新是企业发展之魂"这一理念的最好诠释，也为全球企业提供了宝贵的经验与启示。未来，随着5G、人工智能等新技术的兴起，华为将继续以其创新之力，引领行业前行，书写更加辉煌的篇章。

在如今这个快速变化的经济与商业领域中，创新型组织已经不是一个选择，而是成为企业能否取得成功的一项基本要求。创新型组织不仅是寻求技术上的革新和产品开发上的飞跃，它更致力于通过构建灵活的内部结构和流程适应不断变化的市场需求。创新型组织以其高效的管理、创新的思维方式和开放的合作态度，为企业提供了一种强大的适应能力，使企业能够在复杂多变的市场环境中站稳脚跟并保持竞争力。

对于大学生而言，对于创新型组织的理解不仅关乎个人职业生涯的发展方向，也是国家未来创新能力的关键所在。

8.1 创新型组织定义

创新型组织的核心目标是创造出全新的价值观念、商业模式和技术解决方案，从而在与竞争对手的较量中占据有利地位。通过持续的学习和创新活动，不断地挖掘市场潜力，寻找新的增长点。创新型组织的存在不仅推动了行业的进步，也促进了整个经济体系的活力和多样性。

卡尔-爱立克·斯威比（Karl-Erik Sveiby）概括了创新型组织的三个特征：一是创新型组织的基石是知识工人，他们的工作重心在于将海量信息转化为有价值的知识资源，知识在创新型组织中具有核心地位。二是创新型组织并非独立存在，而是与客户和供应商紧密相连，共同构成一个互动生态。客户和供应商作为创新型组织的外部支撑，为其不断提供知识强化与更新的动力。三是创新型组织展现出惊人的增长速度与持续的活力。

综上所述，创新型组织是指：在知识经济和信息化、全球化的浪潮中，一种以知识为基础，强调开放、互动，促进学习与知识创新的组织结构。其显著特征包括扁平化的管理架构、柔性的运作机制，以及广泛的网络化连接。

8.2 创新型组织结构

创新型组织，不仅在技术、产品和服务上追求创新，更在组织结构上进行了深刻的变革，以适应并引领市场趋势。创新型组织的结构创新，是其适应新时代、实现持续发展的关键。通过构建扁平化、网络化、虚拟化的组织结构，创新型组织能够提升决策效率，激发员工创造力，促进知识共享与学习，加速产品与服务创新，增强组织韧性，并促进持续变革。在这个过程中，创新型组织不仅实现了自身的成长和壮大，也为社会经济的进步和发展贡献了力量。面对未来，创新型组织应继续探索和实践，不断优化组织结构，适应更加复杂多变的市场环境，引领行业创新潮流。

1. 创新型组织的基本结构类型

创新型组织的结构并非一成不变，而是根据自身的战略目标、行业特性及外部环境动态调整。一般来说，创新型组织结构类型可分为扁平化结构、网络化结构、虚拟化结构。

（1）扁平化结构：传统层级制组织往往决策缓慢、信息流通不畅。而扁平化结构通过减少管理层级，加快决策速度，促进信息自由流动。扁平化结构鼓励员工参与决策，增强团队自主性和创造力，是创新型组织常用的结构之一。例如，谷歌就以其扁平化的管理结构和开放的文化著称，有助于激发员工的创新思维。

【案例8-1】

谷歌：扁平化与开放文化驱动的创新型组织

谷歌，作为全球最具影响力的科技巨头之一，其成功不仅在于卓越的技术和产品，更在于其独特的管理模式和企业文化。谷歌通过扁平化的管理结构和开放的文化，推动创新，成为典型的创新型组织。

谷歌的扁平化管理结构是其成功的关键因素之一。与传统企业层级森严的管理模式不同，谷歌通过减少中间管理层次，增加横向管理幅度，使组织变得更加灵活、敏捷和富有弹性。扁平化管理结构使得信息传递更加迅速，决策过程更加高效。谷歌内部有5 000名经理、10 00名总监、100名副总裁，每位经理平均负责30个汇报关系，这在一定程度上减少了决策层级，加速了创新进程。谷歌的创始人之一拉里·佩奇（Larry Page）曾进行扁平化组织实验，取消工程师管理者的职位，营造类似于大学氛围的企业环境，尽管这一实验初期遇到了一些挑战，但其最终找到了层级与扁平化结合的管理模式，既保留了必要的组织层级，又保留了扁平化的灵活性和创新性。

谷歌的开放文化是其创新能力的另一大支柱。谷歌鼓励员工之间的自由沟通和交流，营造"畅所欲言"的文化氛围。公司创始人会定期与员工共进午餐，倾听员工的意见和建议。谷歌还成立了谷歌文化委员会，倡导并组织各类社区活动、环保活动和资助残疾人活动等，增强了员工的归属感和责任感。谷歌的"20％时间"政策更是为员工提供了探索自己感兴趣项目的机会，这一政策不仅激发了员工的创新潜能，还催生了许多成功的产品和项目，如Gmail和Google News等。

谷歌在招聘和人才管理上也体现了其开放和创新的理念。谷歌在招聘上投入的资金占人力预算的比例是其他公司平均水平的两倍，坚持"只聘用最优秀的人才"的原则。谷歌还通过数据分析和人才分析系统，科学地进行员工选拔和绩效评估，确保团队的高效和稳定。谷歌为员工提供丰厚的薪酬待遇和福利，如免费美食、24小时开放的健身房、瑜伽课、干衣机、按摩服务、游泳池和温泉水疗等，这些措施不仅提高了员工的工作满意度，还激发了他们的创新动力。

谷歌的创新实践不仅体现在管理结构和文化上，还体现在其产品研发和市场策略上。谷歌以提供最佳的用户体验为核心任务，不断推出创新的产品和服务。例如，谷歌通过支持公开技术和标准、开源代码和由业界一起参与的技术发展，推动了网络创新和发展。谷歌还与Rovio公司合作，开发了基于HTML5标准的桌面版《愤怒的小鸟》游戏，展示了其在技术创新上的领先地位。谷歌还通过即时搜索功能、Google Books、无人驾驶汽车等创新项目，不断挑战传统，引领未来。

谷歌的成功案例表明，扁平化的管理结构和开放的文化是促进创新、形成创新型组织的关键。谷歌通过减少管理层次、增加横向管理幅度，使组织变得更加灵活和高效；通过鼓励自由沟通、倡导开放文化，激发了员工的创新潜能和责任感；通过科学的人才管理和丰富的福利待遇，吸引了全球最优秀的人才。这些措施共同构成了谷歌独特的创新型组织模式，为其他企业提供了宝贵的借鉴和启示。

（2）网络化结构：在全球化和数字化的背景下，网络化结构日益受到关注。网络型结构以项目或任务为中心，灵活组建跨职能团队，其成员可能来自不同部门、地区，甚至是外部合作伙伴。网络型结构促进了资源的优化配置和知识的跨界融合，提高了创新型组织的响应速度和创新能力。某公司在开发新产品时，经常采用这种跨部门的"梦之队"模式，集合各领域专家共同攻克难题。

企业将组织内部不同的个人与团队实现联结，构成一个沟通速度更快的组织结构形式，并通过网络式的联结方式，实现企业间的联盟。网络化创新型组织结构的整体效益，会大于联合前的各个组织、群体和个人的个别效益的总和。企业间的网络化创新型组织结构实现形式常见以下几种。

第一，连锁经营，一般是指经营同类商品或服务的若干个组织，以一定的形式组合成一个联合体，在整体规划下进行专业化分工，并在分工的基础上实施集中化管理，使复杂的商业活动简单化，获取规模效益。连锁经营分为三种形式：直营连锁、特许经营和自由连锁。

【案例8-2】

天福连锁：网络化创新型组织引领便利店新纪元

广东天福连锁商业集团有限公司，通过构建网络化创新型组织，成功引领了便利店行业的新纪元。天福集团成立于2004年，经过多年的发展，他已发展成为一家以便利店经营管理为主，集超市管理、产品开发、商贸代理、物流配送、供应链管理于一体的集团企业。

天福连锁便利店系统是全国十大连锁便利店系统之一。截至2021年，其在中国便利店百强榜上门店数量名列全国第四，在广东连锁便利店价值品牌榜上名列第二。天福已在广东、湖南、江西、福建、贵州、广西等地区发展了6 000间门店，创造了中国便利店创业史上的发展奇迹。

天福集团的创新在于其网络化创新型组织结构的构建。通过引入数字化和智能化技术，天福实现了门店运营的数字化和智能化。例如，天福采用了合力亿捷云客服系统，全面升级客服热线，通过灵活的云端服务、智能化IVR与排队策略、全渠道统一客服系统，搭建一体化客户服务平台，极大地提升了客户体验。

天福还注重供应链的优化和整合。通过建立先进的供应链系统，天福实现了快速、精确的库存管理、订单处理和物流配送，这不仅提高了运营效率，还降低了成本。例如，天福的某些门店通过供应链优化，实现了80平米月营收60万的佳绩。

天福的成功不仅在于其规模扩张，更在于其创新的管理模式。天福通过构建网络化创新型组织，实现了线上线下的一体化经营，提升了顾客的消费体验和满意度。天福的案例为连锁经营企业提供了宝贵的经验和启示，展示了网络化创新型组织在提升竞争力和市场应变能力方面的巨大潜力。

第二，企业集群，是一组在地理上靠近的相互联系的公司和关联的机构，它们同处在一个特定的产业领域，由于具有共性和互补性而联系在一起。知识型企业的集群，隐含了专业分工协作、知识共享的因素。

发达国家和发展中国家都存在大量的集群现象。在美国，有硅谷和128公路的微电子业群、明尼阿波利斯的医学设备业群、克利夫兰的油漆和涂料业群、加利福尼亚的葡萄酒业群、马萨诸塞的制鞋业群等。在意大利，企业集群集中程度很高，意大利70%以上的制造业、30%以上的就业、40%以上的出口量都是在专业化产业区域内实现的。

第三，集团发展，是指知识型企业通过参股、控股、管理等方式，以资金为纽带，连接各网络成员，而各个成员通过网络连接形成网络化集团，以共享企业的知识、品牌和服务，增强集团发展的核心知识共享和核心竞争力。

【案例8-3】

海尔集团：网络化创新型组织的领航者

海尔集团，作为全球知名的家电制造商，近年来通过集团发展战略，成功转型为网络化创新型组织，展现其强大的核心竞争力和持续的创新活力。海尔集团的发展路径，为众多知识型企业提供了宝贵的经验和启示。

海尔集团网络化创新型组织的构建，主要体现在其以资金为纽带，通过参股、控股、管理等方式，连接各网络成员，形成紧密的网络化集团。在这一过程中，海尔不仅注重资本的运作，更强调知识、品牌和服务的共享，从而实现了集团内部资源的优化配置和协同效应。

在网络化创新型组织的推动下，海尔集团实现了从单一家电制造商向多元化、智能化、服务化集团的转型。海尔旗下的各个成员企业，通过网络连接，共享集团的知识资源、品牌影响力和服务体系，从而提升了整体竞争力和市场应变能力。例如，海尔的智能家电产品，通过集团内部的协同创新，实现了智能化、个性化定制，满足了消费者的多样化需求。

海尔集团还注重构建开放的创新生态系统，与外部合作伙伴共同推动技术创新和产业升级。海尔集团通过与科研机构、高校、供应商、销售商等建立紧密的合作关系，实现知识共享、技术转移和协同创新，进一步提升了集团的创新能力和市场竞争力。

据统计，海尔集团在全球拥有数十个制造基地和多个研发中心，产品销往全球多个国家和地区。海尔集团的网络化创新型组织，使得其能够快速响应市场变化，灵活调整战略方向，从而在全球家电市场中保持领先地位。

海尔集团的发展案例充分说明，知识型企业可以通过集团发展战略，构建网络化创新型组织，实现知识、品牌和服务的共享，增强集团发展的核心知识共享和核心竞争力。海尔集团的成功经验为众多企业提供了有益的借鉴和启示，展示了网络化创新型组织在推动企业持续发展和创新方面的巨大潜力。未来，随着数字化和智能化的不断发展，网络化创新型组织将成为更多企业的选择和发展方向。

第四，战略联盟，是指两个或两个以上的知识型企业为达到一定的目的，通过一定的方式组成的网络式的联合体。由于战略联盟主要是以契约的方式组成的，并通过相对购并或内部投资新建进行扩展。因此，所需时间较短，组建过程较为简单，同时也不需大量投资。如果外部出现发展机会，战略联盟可以迅速组成，并发挥作用。

【案例8-4】

清华同方：知识型企业的典范之路

1997年6月，清华同方股份有限公司在上海证券交易所成功上市，并迅速在二级市场中崭露头角，成为高科技板块的佼佼者。清华同方凭借其独特的知识型企业模式，通过知识的生产、传播、应用，以及新产业项目的孵化，实现了经济利益的最大化。以下是对清华同方作为知识型企业特征的深入分析。

一、知识产品与服务的综合提供

清华同方致力于提供集成知识型产品与服务，将知识的综合运用能力视为企业的核心竞争力。在信息技术与计算机应用、人工环境工程等高科技领域，清华同方展现出强大的技术实力。同时，清华同方还涉足精细化工、生物医药等高技术产品的开发、生产和销售，这些领域的产品无一不体现出知识的价值。此外，清华同方还为客户提供专业的软件服务，如在人工环境产业领域，为空调器等硬件产品提供基于边界条件的最优设计方案及实施服务。

二、知识资源的吸纳与整合

作为依托清华大学这一中国顶尖知识生产源的企业，清华同方将孵化清华大学科研成果并将其转化为产业或企业作为重要战略。清华同方充分利用和吸收清华大学的科技人才资源，为新建企业提供人才支撑和能力转化。例如，清华同方光盘有限公司的成立，就是迅速将清华大学国家光盘工程研究中心的科研能力转化为产业能力的典范。

三、知识管理的战略实施

清华同方深知知识型人才的重要性，将知识型人才视为最宝贵的战略性资源。清华同方实施知识型管理，制定一系列完善的知识管理制度，确保自身运作的敏捷性和高效性。知识管理制度不仅促进了知识的共享和创新，还提高了员工的归属感和忠诚度。

四、知识运作的市场化导向

清华同方依托清华大学的人才和技术优势，从众多科研项目中精心筛选具有市场潜力的风险项目。通过二次开发和孵化，将这些项目成功转化为新的产业甚至新的风险企业。这种知识运作方式不仅实现了科研成果的市场化，还推动了企业的持续发展和创新。

五、知识网络的构建与发展

清华同方建立了一个完整的知识创新网络，这一网络构成自身发展的坚实保障。一方面，清华大学作为清华同方的重要知识创新源，为其提供了源源不断的科研成果和人才支持。通过建立人才信道，清华大学与清华同方实现了人才的自由流动，确保了清华同方项目运行和企业孵化所需的各种人才供应。另一方面，清华同方还与众多国内外企业建立了战略合作关系，形成了广泛的战略合作网络。这一网络不仅为清华同方提供了更多的市场机会和资源支持，还促进了清华同方与国际先进技术的交流和合作。

综上所述，清华同方凭借其独特的知识型企业模式和创新思维，在高科技领域取得了显著的成就。未来，随着知识经济的不断发展，清华同方将继续发挥其知识型企业的优势，为推动中国高科技产业的发展贡献更多的力量。

（3）虚拟化结构：打破了传统创新型组织的物理和心理界限，强调内外部资源的无缝连接。通过数字化工具和社交媒体，组织人员可以跨越地理和时间限制，与全球范围内的同事、客户乃至整个生态系统进行互动。虚拟化结构促进了知识的广泛传播和创意的碰撞，加快了创新的步伐。从组织形态来看，虚拟化结构企业打破了传统企业的界限，企业各成员之间没有隶属关系，只是通过契约关系共享资源。

【案例8-5】

耐克公司：虚拟化创新型组织的典范

在全球化与数字化浪潮的推动下，虚拟化创新型组织成为众多企业追求的高效运营模式之一。耐克公司，作为全球运动鞋和服饰行业的领头羊，正是这一模式的杰出代表。耐克公司通过打破传统组织的物理和心理界限，利用数字化工具和社交媒体，构建了一个高度灵活、响应迅速地虚拟化创新型组织，实现了全球资源的无缝连接和高效利用。

耐克公司的虚拟化创新型组织主要体现在其生产、设计和销售等各个环节的虚拟化运作上。在生产方面，耐克公司并没有像传统企业那样拥有庞大的生产基地和众多的生产工人，而是通过与全球各地的运动鞋制造商建立契约关系、实现生产的外包和虚拟化。这种生产模式使得耐克能够根据市场需求的变化、快速调整生产计划，降低库存成本，提高生产效率。同时，耐克还通过数字化工具对生产过程进行实时监控和管理，确保产品质量和交货期的准确性。

在设计方面，耐克公司也充分利用了虚拟化创新型组织的优势。耐克公司的设计团队遍布全球，他们通过数字化平台和社交媒体进行实时沟通和协作，共同开发出具有创新性和市场竞争力的产品。这种跨地域、跨时区的协作方式，不仅加快了设计速度，还促进了创意的碰撞和融合，为耐克公司带来了源源不断的设计灵感。

在销售方面，耐克公司同样展现了虚拟化创新型组织的魅力。耐克公司通过电子商务平台和社交媒体渠道，实现了线上线下的无缝连接和互动。消费者可以在线上浏览产品、下单购买，并享受便捷的物流配送服务。同时，耐克公司还通过社交媒体与消费者进行互动和沟通，收集反馈意见，不断优化产品和服务。这种销售模式不仅提高了销售额和市场占有率，还增强了消费者对耐克品牌的忠诚度和认同感。

耐克公司的虚拟化创新型组织还体现在其对外部资源的整合和利用上。耐克公司通过与供应商、分销商、零售商等合作伙伴建立紧密的契约关系，实现了资源的共享和协同。这种合作模式使得耐克公司能够快速响应市场变化，调整产品结构和销售策略，提高市场竞争力。同时，耐克公司还通过数字化工具对合作伙伴进行管理和评估，确保合作关系的稳定和可持续。

耐克公司的虚拟化创新型组织为其带来了显著的竞争优势和经济效益。据统计，耐克公司的年销售额和利润持续保持增长态势，市场占有率稳步提升。同时，耐克公司还通过虚拟化创新型组织模式降低了运营成本、提高了生产效率、加快了创新步伐，为耐克公司的可持续发展奠定了坚实的基础。

综上所述，耐克公司作为虚拟化创新型组织的典范，通过打破传统组织的界限、利用数字化工具和社交媒体、整合外部资源等方式，实现了全球资源的无缝连接和高效利用。这种组织模式不仅提高了耐克公司的运营效率和市场竞争力，还为其可持续发展注入了新的活力和动力。未来，随着数字化和全球化的不断深入发展，虚拟化创新型组织将成为更多企业的选择和发展方向。

2. 创新型组织结构创新的优势

创新型组织结构的创新，不仅是对传统管理模式的颠覆，更是对组织效能和创新能力的一次全面升级。其优势主要体现在以下六个方面。

提升决策效率：扁平化和网络化结构减少了决策层级，使得信息能够更快地从基层传递到高层，同时也让高层决策更迅速地传达至执行层。这种快速响应机制，使得创新型组织能够迅速捕捉市场机遇，灵活应对挑战。

激发员工创造力：创新型组织结构通过赋予员工更多自主权、参与权和决策权，激发他们的内在动力和创造力。当员工感到自己的声音被听见，自己的想法有机会实现时，他们更愿意投入时间和精力去探索和创新。

促进知识共享与学习：网络化和无边界组织促进了信息的自由流动和知识的广泛共享。员工可以轻松地获取所需资源，与不同背景的同事交流，从而拓宽视野，激发新的灵感。这种开放的学习环境，为员工的持续创新提供了肥沃的土壤。

加速产品与服务创新：创新型组织结构通过组建跨职能团队、内部创业平台等方式，促进不同领域知识的融合，加速新产品和服务的开发。这种跨界的合作，往往能够产生意想不到的创新成果，满足市场的多元化需求。

增强组织韧性：面对不确定性和快速变化的市场环境，创新型组织结构因其灵活性和适应性，能够更好地抵御外部冲击，快速调整战略方向。无论是经济波动、技术革新还是消费者偏好的变化，创新型组织都能迅速响应，保持竞争力。

促进持续变革：创新型组织结构不是静态的，而是随着组织发展和外部环境的变化而不断优化的。这种持续变革的能力，使创新型组织能够不断突破自我，探索新的增长路径，实现可持续发展。

8.3　创新型组织构建

8.3.1　形成创新文化

创新文化是创新型组织的基石，它如同一股无形的力量，深刻地影响着组织内部成员的思维方式和行为模式，为创新活动提供源源不断的动力。一个组织要想在激烈的市场竞争中立于不败之地，就必须营造一种鼓励创新、容忍失败的文化氛围。创新文化的建立并非一蹴而就，而是需要从多个维度入手，以确保其在组织内部生根发芽，茁壮成长。

1. 营造开放与包容的文化氛围

创新文化的核心是开放与包容。一个开放的组织，如同一个广阔的舞台，能够接纳不同的观点和想法，鼓励员工敢于表达自己的见解，敢于挑战权威，敢于突破传统。这种文化氛围有助于挣脱传统思维的束缚，激发员工的创造力，使组织在变革中不断进步。

谷歌的"20%时间"政策便是一个生动的案例。这一政策允许员工将20%的工作时间用于自己感兴趣的项目，这不仅极大地激发了员工的创新热情，还催生了许多优秀的产品和服务。例如，Gmail、Google News等知名产品，便是在这一政策的推动下诞生的。谷歌的成功经验告诉我们，开放的文化氛围是创新之源，它能够激发员工的内在动力，使他们在工作中不断追求卓越。

包容性则体现在对失败的容忍上。在创新过程中，经历挫折和失败是难免的。一个包容的组织，能够正视失败，并从中汲取教训，而不是对失败者进行惩罚。这种对失败的宽容态度，能够减轻员工的心理负担，使他们更加敢于尝试和创新。正如3M公司所倡导的："在3M，你不会因为失败而受到惩罚，但你会因为不去尝试而受到谴责。"这种对失败的包容态度，使得3M在创新道路上越走越远，成为全球知名的创新型组织。

2. 建立鼓励尝试与容错的机制

为促进创新，创新型组织需要建立一套鼓励尝试与容错的机制。包括为创新项目提供必要的资源支持，如资金、人力和时间。只有充足的资源保障，才能确保创新项目的顺利进行。同时，创新型组织还应设立专门的创新基金，用于支持具有潜力的创新项目。这些基金可以为创新项目提供初期的资金支持，帮助创新项目度过最艰难的初创期。

此外，制定明确的创新奖励制度也是必不可少的。通过对创新成果进行表彰和奖励，可以激发员工的创新热情，提高他们的创新积极性。例如，华为设立的"创新奖"，便是对在创新方面取得突出成果的员工进行表彰和奖励。这一制度不仅激发了员工的创新动力，还提高了创新型组织的整体创新能力。

同时，创新型组织还需要建立一套科学的创新评估体系。这一体系应对创新项目进行客观、公正的评价，以确保资源的合理配置和有效利用。通过评估，创新型组织可以及时发现创新项目中的问题和不足，为创新项目的后续发展提供有针对性的指导和帮助。例如，谷歌通过"OKR"（Objectives and Key Results）目标管理体系，对员工的工作成果进行量化评估。这一体系不仅提高了员工的工作效率，还促进了创新型组织的创新发展。

3. 强化跨部门协作与沟通

创新往往涉及多个部门和领域的合作。因此，加强跨部门协作与沟通是建立创新文化的重要一环。创新型组织可以通过定期召开跨部门创新研讨会、建立跨部门创新团队等方式，促进不同部门之间的交流与合作。这些活动可以为不同部门的员工提供一个交流的平台，使他们能够共同探讨创新问题，分享创新经验，从而推动创新型组织的创新发展。

此外，还可以利用现代信息技术手段，如企业内部社交网络、在线协作平台等，提高协作效率和沟通效果。这些技术手段可以打破地域和时间的限制，使不同部门的员工能够随时随地进行交流与合作。例如，腾讯通过建立内部社交网络"企业微信"，为员工提供了一个便捷的沟通平台。这一平台不仅提高了员工的沟通效率，还促进了创新型组织的创新发展。

在实际操作中，跨部门协作与沟通也取得了显著的成效。例如，苹果公司在开发iPhone时，便涉及了多个部门的合作。通过加强跨部门沟通与协作，苹果公司成功地将不同领域的技术融合在一起，打造出了这款革命性的产品。iPhone的成功不仅为苹果公司带来了巨大的商业利益，还推动了整个智能手机行业的发展。

4. 领导层的支持与推动

领导层在创新文化的建立中起着至关重要的作用。领导层需要明确表达对创新的支持态度，并通过实际行动推动创新活动的开展。只有领导层真正重视创新，才能为创新型组织营造一个鼓励创新、容忍失败的文化氛围。

领导层可以亲自参与创新项目的决策和推进过程，为创新团队提供必要的指导和帮助。通过领导层的参与和支持，可以激发员工的创新热情，提高他们的创新积极性。同时，领导层还可以设立专门的创新管理岗位，负责协调和管理创新型组织的创新活动。这一岗位可以为创新型组织的创新发展提供有力的保障和支持。

在实际操作中，领导层的支持与推动也取得了显著的成效。例如，亚马逊的创始人杰夫·贝索斯（Jeff Bezos）便是一个典型的创新领导者。他始终将创新放在公司发展的核心位置，并亲自参与创新项目的决策和推进过程。在他的领导下，亚马逊不断创新商业模式和技术手段，成为全球最大的电子商务公司之一。

除领导层的支持与推动外，创新型组织还可以通过培训和教育提高员工的创新能力。通过开设创新课程、举办创新讲座等方式，传授创新理论和方法，培养员工的创新思维和实践能力。这些培训和教育活动可以为员工提供一个学习的平台，使他们能够不断提升自己的创新能力。

同时，创新型组织还可以建立创新实验室或创新中心等机构，为员工提供创新所需的硬件和软件设施。这些机构可以为员工提供一个实践的平台，使他们能够将创新理论转化为实际的创新成果。例如，谷歌X实验室便是一个典型的创新机构。在这个实验室里，员工可以自由地探索新的技术和想法，为谷歌的创新发展提供了源源不断的动力。

5. 创新文化的持续建设与优化

创新文化的建立并非一劳永逸，而是需要持续建设与优化。创新型组织需要定期对创新文化进行评估和反思，发现其中的问题和不足，并及时进行改进和优化。同时，创新型组织还需要关注外部环境的变化和市场需求的变化，不断调整创新战略和方向，以确保创新文化的持续发展和进步。

在持续建设与优化过程中，创新型组织可以借鉴其他企业的成功经验和实践案例。通过学习和借鉴，吸收其他企业的优点和长处，为自身的创新发展提供有益的参考和启示。同时，创新型组织还可以与其他企业进行合作与交流，共同推动创新文化的发展与进步。

【案例8-6】

爱立信Innova平台：驱动创新文化的实践案例

2009年，在全球科技行业日新月异的背景下，老牌移动通信设备商爱立信面对行业变革，积极寻求业务转型，致力于在交通、电力、媒体等新兴领域开拓业务增长点。为实现这一目标，爱立信不仅强化了产品研发的精益与敏捷性，更通过构建一套全面的创新管理体系，即Innova平台，成功激发了员工的创新潜能，塑造了独特的创新文化。

爱立信首先认识到，领导层的支持是创新文化落地的关键。通过设计思维教练的引导，领导层被鼓励在不增加预算和资源的前提下，探索创新机制的设计。这一策略促使领导层深入思考如何设定明确的创新目标，发展实际可行的创新实践，并建立相应的支持机制，确保创新项目能够有效落地。同时，爱立信从研发预算中划拨一定比例的经费，专门用于支持探索性创新项目，借鉴硅谷风险投资模式，采用多轮投资策略，既增加了创新产品的多样性，又有效降低了项目失败的风险。

Innova平台的核心在于其高效且系统的创新流程，该流程分为五个关键步骤，确保了从创意产生到产品成熟的每一步都经过精心策划与执行。

（1）产生创意：鼓励员工主动识别客户需求，通过团队头脑风暴激发新想法。

（2）创意评估：部门内部对提交的创意进行初步筛选，为有价值的创意提供第一轮资金支持。

（3）创意验证：创意持有者利用初期资金进行实验，验证创意的可行性。

（4）筛选投资：基于实验结果，公司筛选出优秀创意，支持其进入原型设计与改进阶段。

（5）产品成熟：经过多轮投资与迭代优化，最终将成熟的原型转化为市场产品。

这一流程特别强调了以人为本的设计思维，鼓励研发人员深入市场，直接与客户交流，明确市场趋势和用户需求信息，从而确保产品开发的针对性与实用性。

为更高效地收集与管理创意，爱立信引入了在线创意管理工具IdeaBox。这一平台不仅允许员工提交创意，还鼓励跨部门、跨地域的合作，其他员工可以对创意进行评论和提出改进建议。定期评估团队会对所有创意进行审查，及时反馈结果，促进创意的快速迭代与优化。此外，设计思维教练作为专业的创新推动者，通过组织创新思维工作坊、提供创新方法指导，以及协助经理建立创新文化。

爱立信深知，创新不能仅限于内部，应积极构建外部生态系统，与高校、大型企业、孵化器及初创企业等建立合作关系，引入外部视角，共同探索新的创新机遇。这种开放合作的模式，不仅拓宽了创新的边界，也加速了新技术、新产品的研发进程。

经过四年的实践，Innova平台已吸引6000名内部用户参与，催生了超过4000个创意，其中450个创意获得了第一轮资金支持，45个进入第二轮，已经有5个创意成功转化为公司的产品功能，为爱立信带来了显著的商业价值。这些成果不仅证明了Innova平台的有效性，也验证了爱立信创新文化建设的成功。

综上所述，爱立信通过Innova平台，不仅建立了一套完善的创新管理流程。更重要的是，它成功地将创新融入企业的每一个角落，形成了一种全员参与、持续迭代的创新文化。这一案例为其他企业提供了宝贵的借鉴，展示了如何通过领导力、预算支持、精细化流程、数字化工具、专业教练，以及外部合作，共同构建一个高效、开放、持续创新的生态系统。

8.3.2 培养创新人才

对于任何组织而言，拥有具备创新精神的人才都是其保持竞争优势、实现可持续发展的核心要素。因此，建立一套科学、有效的创新人才选拔和培养机制，对于创新型组织来说具有至关重要的意义。以下将结合理论分析与实际案例，深入探讨创新人才的选拔标准、培养路径、激励机制，以及团队建设等方面的内容。

1. 创新人才的选拔标准

创新人才的选拔是创新人才培养的第一步，其关键在于全面、准确地评估候选人的综合素质和潜力。除基本的专业技能和知识外，以下4个方面的考查同样重要。

（1）创新思维：创新思维是创新人才的核心特质。它要求候选人具备敏锐的洞察力，能够发现市场或技术中的潜在机遇。同时，候选人还需要具备敢于挑战传统、勇于尝试新事物的精神。例如，谷歌在选拔创新人才时，特别注重候选人的"谷歌范儿"（Googleyness），即是否具备创新思维、开放心态和团队合作精神。

（2）学习能力：在知识爆炸的时代，学习能力成为创新人才必备的重要素质。一个优秀的创新人才应该具备快速学习新知识、新技能的能力，以适应不断变化的环境。苹果公司在选拔人才时，就非常看重候选人的学习能力和适应变化的能力，这与其"保持饥饿，保持愚蠢"的企业文化相契合。

（3）团队协作能力：创新往往不是一个人的战斗，而是需要团队共同努力的结果。因此，团队协作能力对于创新人才来说至关重要。创新型组织在选拔人才时，应关注候选人是否具备良好的沟通技巧、是否能够与他人有效合作。例如，微软在选拔创新人才时，就特别强调团队合作和跨文化交流的能力。

（4）解决问题的能力：面对复杂多变的问题，创新人才需要具备敏锐的分析能力和高效的解决方案。例如，华为在选拔研发人才时，会通过设置实际问题的案例分析题，考查候选人的问题解决能力和创新思维。

为全面评估候选人的综合素质和潜力，创新型组织可以采用多种选拔方式，如面试、笔试、案例分析、心理测评等。通过这些方式，创新型组织可以更加准确地了解候选人的能力、性格和潜力，从而为后续的培养提供有力支持。

2. 创新人才的培养路径

创新人才的培养是一个系统工程，需要遵循一定的路径和规律。以下是一些有效的培养方法。

（1）系统培训与学习：创新型组织应为创新人才提供系统的培训和学习机会，帮助他们不断更新知识和技能。这包括内部培训、外部研修、在线学习等多种形式。例如，腾讯建立了完善的培训体系，包括新员工培训、在职培训、领导力培训等，支持员工的持续成长。

（2）实践锻炼：实践是检验真理的唯一标准，也是培养创新人才的重要途径。创新型组织应鼓励创新人才参与创新项目、担任创新团队负责人等，提高他们的实践能力和创新能力。例如，阿里巴巴通过"赛马机制"，鼓励员工自主立项、自主组队，通过实践锻炼提升创新能力。

（3）导师制度：导师制度是一种有效的培养方式，可以帮助创新人才快速成长。创新型组织可以为每位创新人才指定一位经验丰富的导师，通过一对一的指导、辅导和反馈，帮助他们解决工作中遇到的问题，提升他们的专业技能和创新能力。

3. 创新人才的激励机制

激励机制是创新人才培养的重要环节。一个有效的激励机制能够激发创新人才的积极性和创造力，提高他们的工作满意度和忠诚度。以下是一些有效的激励方法。

（1）创新奖励基金：创新型组织可以设立创新奖励基金，对创新人才的创新成果进行表彰和奖励。这不仅可以激发创新人才的积极性，还可以鼓励其他员工积极参与创新活动。例如，3M公司设立了著名的"15%规则"，允许员工将15%的工作时间用于自由创新，并对优秀创新成果给予丰厚奖励。

（2）晋升机会：提供晋升机会是激励创新人才的重要手段。创新型组织可以为创新人才设立专门的晋升通道，使他们在职业发展中获得更多的机会和空间。同时，还可以将创新成果作为晋升的重要考核指标，激发创新人才的积极性。

（3）股权激励：股权激励是一种长期激励方式，可以将创新人才的利益与创新型组织的利益紧密结合在一起。通过给予创新人才股权激励，可以激发他们的创新热情和忠诚度，促进创新型组织的长期发展。例如，华为通过员工持股计划，使员工成为公司的股东，共享公司的发展成果，这一制度极大地激发了员工的创新动力。

（4）个性化职业发展规划：关注创新人才的个人发展需求，为他们提供个性化的职业发展规划和成长路径。这可以帮助创新人才明确自己的职业目标和发展方向，激发他们的内在动力和创新潜能。

4. 创新人才的团队建设

创新人才的培养还需要注重团队建设的重要性。一个优秀的创新团队能够汇聚不同背景和专长的人才，形成优势互补，共同推动创新活动的开展。以下是一些有效的团队建设方法。

（1）定期组织团队建设活动：通过定期组织团队建设活动，如拓展训练、团队旅游、团队分享会等，可以增强团队成员之间的沟通和协作能力，增强团队的凝聚力和战斗力。

（2）加强团队内部沟通与协作：建立有效的沟通机制和协作流程，确保团队成员之间能够顺利地交流信息和想法。这有助于营造积极向上的团队氛围，促进创新活动的开展。

（3）注重团队文化的培养：团队文化是团队建设的核心。创新型组织应注重培养积极向上、勇于创新的团队文化，鼓励团队成员敢于挑战、勇于尝试新事物。例如，谷歌鼓励员工之间自由交流想法和信息，极大地促进了谷歌创新活动的开展。

（4）多元化团队构成：一个多元化的团队能够汇聚不同背景和专长的人才，形成优势互补。创新型组织在组建创新团队时，应注重团队成员的多样性和互补性，提高团队的创新能力和竞争力。

8.3.3　学习型组织的创建与创新习惯的形成

创新型组织构建的重要过程就是学习型组织的创建。学习型组织不仅强调组织成员的学习能力，还注重组织成员创新习惯的形成，这对于推动创新型组织的构建具有深远的意义。

1. 学习型组织的特征

学习型组织具备以下显著特征。

（1）强调持续学习：学习型组织鼓励组织成员不断学习新知识、新技能，以适应不断变化的市场环境。例如，谷歌推行了"20%时间"政策，允许员工将20％的工作时间用于自己感兴趣的项目，这一政策极大地激发了员工的学习热情和创新精神。据统计，谷歌的这一政策直接促成了多项重要产品的诞生，如Gmail和Google News。

（2）注重知识共享：学习型组织重视组织内部的知识交流与合作，通过建立知识管理系统、定期组织的知识分享会等方式，促进知识的传播与利用。例如，微软通过建立内部的知识库和协作平台，使员工可以方便地获取和分享技术文档、项目经验等，极大地提高了员工的工作效率和创新能力。

（3）鼓励创新思维：学习型组织支持组织成员提出新的想法和解决方案，通过设立创新基金、举办创意大赛等方式，激发员工的创新思维。例如，苹果公司鼓励员工提出改进产品和服务的建议，并通过"苹果员工创新奖"对优秀建议进行表彰，这一机制有效提升了员工的创新意识和参与度。

（4）具有高度的适应性：学习型组织能够快速应对市场变化和挑战，通过灵活的组织结构和敏捷的决策机制，确保学习型组织在复杂多变的环境中保持竞争力。例如，亚马逊通过构建高度灵活的组织架构和快速决策机制，能够迅速响应市场变化，推出新产品和服务，进而在全球电商市场中保持领先地位。

2.学习型组织的创建过程

创建学习型组织需要从多个方面入手，以下是具体的步骤和方法。

（1）建立完善的学习机制：学习型组织需要为组织成员提供系统的培训和学习机会，包括内部培训、外部研修、在线学习等多种形式。例如，腾讯建立了完善的培训体系，包括新员工培训、在职培训、领导力培训等，支持员工的持续成长。据统计，腾讯每年投入大量资金用于员工培训，员工平均每年参加培训的时间超过40小时。

（2）加强知识管理：学习型组织应建立知识管理系统，促进知识的共享与交流。通过设立知识库、知识地图、专家网络等方式，将学习型组织内部的知识资源进行有效整合和利用。例如，IBM通过构建全球知识管理系统，使员工可以方便地获取和分享全球范围内的技术文档、项目经验等，极大地提高了员工的工作效率和创新能力。

（3）鼓励创新活动：学习型组织应鼓励组织成员参与创新活动，如创新项目、创新团队、创意大赛等，提高他们的创新意识和创新能力。例如，阿里巴巴通过"赛马机制"，鼓励员工自主立项、自主组队，通过实践锻炼来提升创新能力。这一机制使其在电商、金融、物流等多个领域取得显著的创新成果。

（4）建立科学的绩效评估体系：学习型组织需要建立一套科学的绩效评估体系，对组织成员的学习成果和创新成果进行客观、公正的评价。通过设立明确的评估标准和指标，对组织成员的学习和创新成果进行量化评估，为组织成员的晋升、奖励等提供依据。谷歌通过"OKR"（Objectives and Key Results）目标管理体系，对员工的工作成果进行量化评估，这一体系有效激发了员工的工作积极性和创新精神。

3. 创新习惯的形成

创新习惯是创新型组织的重要特征之一，为形成创新习惯，学习型组织需要注重以下4个方面。

（1）营造创新氛围：学习型组织应营造鼓励尝试和创新的氛围，使组织成员敢于提出新想法、尝试新方法。通过设立创新基金、举办创意大赛等方式，激发组织成员的创新热情。例如，3M公司设立了著名的"15%规则"，允许员工将15%的工作时间用于自由创新，并对优秀创新成果给予丰厚奖励。这一政策使得3M公司在多个领域取得显著的创新成果。

（2）提供创新支持：学习型组织应为组织成员提供必要的资源和帮助，如创新基金、技术支持、市场调研等。通过设立创新实验室、创新中心等机构，为组织成员提供创新所需的硬件和软件设施。例如，谷歌通过设立"X实验室"，为员工提供创新所需的资金、技术和设备支持，推动了多项前沿技术的研发和应用。

（3）加强创新教育：学习型组织应加强对组织成员的创新教育，提高他们的创新意识和创新能力。通过开设创新课程、举办创新讲座等方式，传授创新理论和方法，培养组织成员的创新思维和实践能力。斯坦福大学商学院通过开设"设计思维"课程，培养学生的创新思维和解决问题的能力，这一课程深受学生欢迎，并在全球范围内产生了深刻影响。

（4）建立创新激励机制：学习型组织应建立创新激励机制，对创新成果进行表彰和奖励。通过设立创新奖、创新基金、股权激励等方式，激励组织成员积极参与创新活动。例如，华为通过设立"创新奖"，对在创新方面取得突出成果的员工进行表彰和奖励，这一机制有效激发了员工的创新热情和积极性。

4. 学习型组织与创新型组织的融合

学习型组织与创新型组织在理念和目标上具有高度的一致性。学习型组织强调持续学习和知识共享，为创新型组织奠定坚实的知识基础；而创新型组织注重创新思维和创新实践，为学习型组织提供了源源不断的动力。因此，将学习型组织与创新型组织相融合，可以形成一种更加完善、更加高效的组织形态。

例如，谷歌通过构建学习型组织与创新型组织的融合体系，实现了持续的创新和发展。谷歌不仅注重员工的学习和培训，还鼓励员工参与创新项目、提出新想法。通过设立创新基金、创新实验室等机构，为员工提供创新所需的资源和支持。同时，谷歌还建立了科学的绩效评估体系，对员工的学习和创新成果进行客观、公正的评价。这些措施使得谷歌在搜索引擎、人工智能、云计算等多个领域取得显著的创新成果。

学习型组织的创建与创新习惯的形成对于推动创新型组织的构建具有重要意义。通过建立完善的学习机制、加强知识管理、鼓励创新活动、建立科学的绩效评估体系等措施，可以逐步创建学习型组织。

【思考与练习】

1. 思考创新型组织在知识经济时代存在的意义和作用？
2. 思考不同结构的创新型组织对于发挥创新的作用是什么？
3. 全员参与的创新对创新型组织来说是否必要？

9 知识管理

课程目标:

1. 引导学生了解知识管理的内涵及外延,理解知识管理对现代企业的重要性和必要性。

2. 激发学生为企业知识管理贡献知识与能力的热情。

主要内容:

1. 了解知识管理是促进显性知识和隐性知识的转化,并由此实现组织内隐性知识的分享,促进组织的知识创新的过程,并进一步了解知识管理的内涵和作用。

2. 理解并辨析显性知识和隐性知识,掌握显性知识的定义、要素、资源、特征,以及隐性知识的特点。

3. 了解并掌握知识管理技术和工具。

【导入案例】

福特公司知识管理:高效降低成本的创新实践

在全球化竞争加剧和市场需求多变的背景下,企业如何有效管理和利用内部知识资源,成为提升竞争力的关键。1996年,福特公司实施了一项创新的知识管理策略,不仅显著降低了生产成本,还促进了企业内部的持续改进和创新文化。

一、知识管理的实施过程

福特公司首先明确了知识管理的核心——关键知识,即那些能够显著提高公司竞争力的制造方法。这些关键知识以时间效率为核心评价指标,确保了所选知识的实用性和有效性。

为有效管理和共享这些关键知识，福特公司建立了"最佳经验复制系统"。该系统最初在总装部门试点，并迅速扩展到全公司。每周，总装部门都会收到5~8种最佳经验，这些经验经过严格审核后，被录入最佳经验复制系统，供其他工厂学习和借鉴。

福特公司注重最佳经验的多样化呈现，包括文本、示意图、设计图纸和动画文件等，以确保知识的准确传递和理解。生产工程师作为关键角色，负责提取本单元的最佳经验并输入系统，同时负责推广来自其他工厂的最佳经验。

值得注意的是，福特公司并不强制各工厂采用最佳经验，但要求进行信息反馈。生产工程师需对比本单元当前工作与最佳经验，并提出改进意见。对于采用最佳经验的工厂，福特公司还向其提供了一套标准的算法库系统，以准确计算劳动生产率和成本节约值。

福特公司建立了完善的知识补充和反馈体系，确保知识库的及时更新。工厂级和副总裁级的会议定期审核"最佳经验"，对推行成果显著的工厂给予激励，对不积极参与的工厂施加压力，进而形成持续改进的良性循环。

二、知识管理的成效

福特公司的知识管理策略取得了显著成效。

成本节约：1996—1999年，福特公司通过最佳经验复制系统实现了成本的大幅降低，分别节约了0.9亿美元、1.54亿美元、3.03亿美元和5.47亿美元，累计节约成本超过10亿美元。

效率提升：通过共享和复制最佳实践，福特公司的生产效率显著提升，缩短了产品上市周期，提高了市场竞争力。

文化变革：知识管理不仅改变了福特公司的生产模式，还促进了其企业文化的转变，营造重视知识分享、鼓励创新的良好氛围。

三、方法总结与启示

明确核心目标：福特公司从一开始就明确了知识管理的核心目标，即提高竞争力和降低成本。这一明确的目标导向为后续的实施提供了有力的指导。

系统化管理与共享：通过建立最佳经验复制系统，福特公司实现了最佳经验的系统化管理和共享。这一做法不仅提高了知识的传递效率，还促进了其企业内部的协同合作。

注重反馈与持续改进：福特公司建立了完善的知识补充和反馈体系，确保知识库的及时更新和持续改进。这一做法使知识管理成为一个动态的、不断优化的过程。

强化激励机制：通过对推行成果显著的工厂给予激励，福特公司激发了内部员工的积极性和创造力。这一激励机制为知识管理的成功实施提供了有力的保障。

创新是知识不断创造的过程，在创新的过程中涉及知识的收集、整理与再创造的过程。在知识经济时代，这一过程被纳入知识管理范畴。什么是知识管理，如何进行知识管理，是创新过程中必须面对的问题。

9.1 知识管理的内涵

综合不同学派的观点，将知识管理界定为系统化地识别、获取、存储、分享、应用及创造新知识的过程，这一过程旨在提升组织的竞争力和个人的效能。以下是对这一定义的详细阐述。

1. 知识管理是一个过程

知识管理不仅是一个静态的概念，更是一个动态、持续的过程。这一过程涵盖了知识的创造、储存与分享、应用等多个环节，形成一个完整的闭环系统。

（1）知识的创造：知识创造是知识管理的起点，它涉及组织内部员工通过不断学习、实践和创新，产生新的想法、见解和解决方案。这一过程往往依赖于个体的智慧和创造力，但同时也需要组织提供必要的支持和激励机制。

（2）知识的储存与分享：知识的储存和分享是知识管理的关键环节。组织需要建立有效的知识库和分享机制，确保知识能够在组织内部得到及时、准确地传递和共享。这不仅可以避免知识的重复创造和浪费，还可以促进知识在组织内部的广泛传播和应用。

（3）知识的应用：知识的应用是知识管理的最终目的。组织需要将获取和分享的知识转化为实际行动和决策，推动业务的发展和创新。这一过程需要组织具备强大的执行力和实践能力，确保知识能够在实践中得到有效应用。

2. 知识管理的重心是促进显性知识和隐性知识的转化

知识可以分为显性知识和隐性知识两种类型。显性知识是指可以通过文字、图表、公式等明确表达出来的知识，如专利、技术文档等；而隐性知识则是指难以用言语表达、更多依赖于个人经验和直觉的知识，如技能、洞察力等。

知识管理的重心在于促进显性知识和隐性知识的相互转化，并由此实现组织内隐性知识的分享和传播。这一转化过程可以通过多种方式进行，如培训、交流、合作等。通过促进隐性知识的外显化，组织可以更好地挖掘和利用员工的智慧和经验，推动知识的创新和应用。

3. 知识管理包括对知识员工及智力资本的管理

知识员工是组织中最宝贵的资源之一，他们不仅是知识的创造者和传播者，还是组织智力资本的主要载体。因此，知识管理必须包括对知识员工的有效管理。

（1）知识员工的管理：组织需要制定完善的人才管理制度，吸引、培养和留住优秀的知识员工。这包括提供有竞争力的薪酬福利、良好的职业发展机会、丰富的培训资源等。同时，组织还需要营造开放、包容的文化氛围，鼓励员工之间的交流和合作，促进知识的共享和创新。

（2）智力资本的管理：智力资本是指组织拥有的无形资产，包括专利、商标、版权、技术秘密、管理经验等。这些资产是组织竞争优势的重要来源。因此，知识管理需要关注对智力资本的有效管理和利用。组织需要制定完善的知识产权管理制度，保护自己的智力资本不受侵犯。同时，组织还需要积极寻找和引进外部的智力资本，提升自己的竞争力和创新能力。

4. 知识管理是一个动态、持续的知识获取、储存与创新过程

知识管理不是一个独立的活动，而是与组织的其他活动紧密相连、相互促进的。它是一个动态、持续的过程，需要组织不断地进行投入和努力。

（1）知识的获取：组织需要建立有效的知识获取机制，从外部环境中获取有价值的信息和知识。这可以通过市场调研、行业分析、竞争对手研究等方式实现。同时，组织还需要鼓励员工积极参与外部交流和合作，拓宽知识获取的渠道和视野。

（2）知识的储存：组织要对获取到的知识进行有效的储存和管理，以便后续的使用和分享。组织需要建立完善的知识库和信息系统，对知识进行分类、索引和存储。这不仅可以提高知识的检索效率和使用便利性，还可以避免知识的丢失和遗忘。

（3）知识的创新：知识的创新是知识管理的核心目标之一。组织需要鼓励员工积极进行知识创新，通过不断学习、实践和研究，产生新的想法和解决方案。同时，组织还需要提供必要的支持和资源，如研发资金、实验设备、技术支持等，促进知识的创新和应用。

5. 知识管理对组织竞争力和个人效能的提升作用

知识管理对组织竞争力和个人效能的提升作用主要体现在以下3个方面。

（1）提升组织竞争力：通过有效的知识管理，组织可以更好地挖掘和利用内部的智慧和经验，推动业务的创新和发展。同时，知识管理还可以帮助组织更好地适应外部环境的变化，及时调整战略和业务模式，保持竞争优势。

（2）提高个人效能：知识管理可以为个人提供丰富的学习资源和成长机会，帮助员工不断提升自己的知识和技能水平。同时，通过参与知识分享和交流活动，员工还可以拓宽视野和开拓思路，提高自己的工作效率和创新能力。

（3）促进组织文化的建设：知识管理需要组织营造开放、包容的文化氛围，鼓励员工之间的交流和合作。这不仅可以促进知识的共享和创新，还可以提高员工的归属感和忠诚度，促进组织文化的建设和发展。

9.2　显性知识与隐性知识

9.2.1　定义与特征

1. 显性知识

显性知识，作为一种可以明确编码、记录并以文字、数字、图像等多种形式表达的知识，是组织知识管理中的重要组成部分。显性知识具有高度的明确性，意味着它已经被精确地定义和描述，可以准确无误地传递给他人。由于显性知识的这一特性，它易于传播、共享和存储，为组织内部和外部的沟通提供了便利。在组织内部，显性知识通常以文档、报告、数据库等形式存在，方便员工随时查阅和学习。在组织外部，显性知识成为组织与外界交流的重要桥梁，有助于提升组织的形象和竞争力。

以某企业为例，一家科技公司的技术文档、产品说明书和专利信息都是典型的显性知识。这些文档详细记录了公司的技术成果、产品特性和创新点，不仅方便内部员工了解和学习，还能向外界展示公司的技术实力和产品优势。

2. 隐性知识

与显性知识相对，隐性知识是基于个人经验、直觉、技能、信仰和价值观等难以直接表达的知识。隐性知识往往通过长期的实践积累获得，并深深嵌入在个人的行为、思维模式和互动中。隐性知识是个人在长期的学习、工作和生活过程中逐渐积累起来的，它通常难以用语言或文字完全准确地描述或传达。因此，隐性知识的传递和共享相比显性知识更为复杂和困难。

以工匠的手艺为例。一位经验丰富的工匠可能拥有独特的技艺和直觉，能够制作出精美的工艺品。然而，这些技艺和直觉往往难以用语言或文字完全表达出来，只能通过长期的实践和学习才能逐渐掌握。

3. 特征对比

显性知识和隐性知识在特征上存在显著差异。显性知识具有明确性、可复制性和易传递性。明确性意味着显性知识已经被精确地定义和描述，可以准确无误地传递。可复制性使得显性知识能够迅速扩散到整个组织，甚至能跨越组织边界。而易传递性使显性知识成为组织内部和外部沟通的重要工具，有助于加强二者之间的协作和合作。

相比之下，隐性知识则具有默会性、情境依赖性和个人化特征。默会性意味着隐性知识往往是内隐的、难以捉摸的，与个人经验、直觉等密切相关。情境依赖性使得隐性知识往往与特定的情景、环境和任务相关，离开这些情景就很难被理解和应用。个人化则使得每个人的经验、技能和直觉都是独一无二的，难以被复制和传递。

9.2.2 隐性知识与显性知识的转化

1. SECI模型

SECI模型是知识管理领域的一个重要理论框架，由日本学者野中郁次郎

（Ikujiro Nonaka）和竹内弘高（Hirotaka Takeuchi）提出。该模型描述了隐性知识和显性知识之间的动态转化过程，包括四个核心阶段：社会化、外化、组合化和内化。

（1）社会化：在这一阶段，隐性知识通过观察和模仿在个体之间传递。这种学习通常发生在非正式的社会互动中，如师徒关系、团队合作等。通过观察他人的行为和思维方式，个体可以逐渐领悟并吸收他人的隐性知识，进而丰富自己的知识库。例如，一位新员工通过观察其他员工的工作方式和处理问题的技巧，可以逐渐掌握一些隐性的工作规则和技能。

（2）外化：在这一阶段，个体通过比喻、类比、故事化等方式将隐性知识表达出来，使其转化为可以共享的显性知识。这个过程需要个体具备一定的表达能力和创造力，能够将难以言传的隐性知识转化为易于理解的显性知识。例如，一个经验丰富的工匠可能通过讲述自己的故事和经历来传授技艺和经验给年轻人，使这些隐性知识得以传承和发扬。

（3）组合化：在这一阶段，个体或组织将已有的显性知识进行整理、分类和系统化处理，形成新的知识体系或知识库。这个过程通常涉及信息的筛选、整合和优化，确保知识的准确性和完整性。通过组合化，组织可以建立更加完善的知识管理系统，促进知识的共享和利用。例如，企业可以将各个部门的技术文档和报告进行整理和分类，形成一个统一的知识库，方便员工查阅和学习。

（4）内化：在这一阶段，个体通过学习和实践将显性知识融入自己的知识体系中，使其转化为个人的隐性知识。这个过程需要个体具备一定的学习能力和实践能力，能够将学到的显性知识应用到实际工作中去，并通过不断地实践和创新深化自己的理解和认识。通过内化，个体可以不断提升自己的专业技能和综合素质。例如，一个新员工通过学习公司的培训资料和参与实际项目，可以逐渐将学到的显性知识转化为自己的隐性技能和经验。

2. 转化策略

为促进隐性知识与显性知识之间的有效转化，组织可以采取以下策略。

（1）促进交流：定期举办团队会议、工作坊等活动，鼓励员工之间的非正式交流和合作。这些活动可以为员工提供一个相互学习和分享经验的平台，促进隐性知识的传播和共享。例如，企业可以定期组织技术交流会或经验分享会，让员工有机会分享自己的工作经验和技巧。

（2）知识地图：构建知识地图是识别和管理隐性知识的一种有效方法。通过绘制知识地图，组织可以清晰地展示各个领域的专家和关键知识持有者，以及知识之间的关联和流动路径。这有助于组织更好地了解和管理隐性知识资源，促进隐性知识与显性知识之间的转化。例如，企业可以绘制一份技术专家的知识地图，明确各个专家的擅长领域和联系方式，方便员工在遇到问题时寻求帮助。

（3）师徒制：通过一对一的指导方式，直接传递隐性知识。师徒制是一种传统的知识传递方式，它强调师傅与徒弟之间的密切互动和实践指导。通过师徒制，徒弟可以在师傅的指导下逐渐掌握隐性知识和技能，并将其内化为自己的能力。例如，一些传统手工艺行业就采用师徒制来传承技艺和经验。

（4）案例研究：分析成功与失败案例，提炼显性知识。案例研究是一种有效的学习方法，它可以帮助组织从实际经验中学习并提炼出显性知识。通过分析成功与失败的案例，组织可以了解哪些策略和方法是有效的，哪些是需要改进的，并将这些经验转化为显性知识供其他员工学习和借鉴。例如，企业可以组织案例分享会或编写案例研究报告推广成功的经验和做法。

（5）模拟与实践：通过模拟练习和实际操作，加速知识内化过程。模拟练习和实际操作是学习和掌握隐性知识的重要手段。通过模拟练习，个体可以在没有实际风险的情况下尝试和应用新知识和技能。通过实际操作，个体可以将学到的显性知识应用到实际工作中去，并通过不断地实践和创新深化对显性知识的理解和认识。例如，企业可以为新员工提供模拟训练和实际操作的机会帮助他们快速掌握工作技能和流程。

综上所述，隐性知识与显性知识是组织知识管理中的重要组成部分。通过了解它们的定义和特征，以及它们之间的转化过程和策略，组织可以更好地管理和利用这些知识资源促进组织的创新和发展。

9.2.3　隐性知识与显性知识管理策略

如何有效地管理和利用知识，特别是隐性知识，是组织提升竞争力、推动创新的关键。隐性知识，作为存在于个人大脑中的、难以明确表达的知识，其管理策略与显性知识有所不同，但二者相辅相成，共同构成了组织的知识体系。以下将深入探讨隐性知识和显性知识的管理策略，以期为企业实践提供有益指导。

1. 隐性知识管理的重要性

隐性知识是组织知识的重要组成部分，它涵盖了员工的专业技能、工作经验、创新思维及直觉判断等，是组织难以复制的核心竞争力。这些隐性知识不仅关乎个人的成长与发展，更直接影响到组织的整体效能和创新能力。然而，隐性知识因其难以捕捉、难以表达的特征，使得其管理变得尤为复杂和具有挑战性。因此，制订有效的隐性知识管理策略，对于组织而言至关重要。

隐性知识的管理有助于组织实现知识的传承与积累。通过有效的管理手段，组织可以将员工的隐性知识转化为组织的知识资产，进而确保这些宝贵的知识不会因员工的离职或退休而流失。同时，隐性知识的管理还能促进组织内部的知识共享与协作，提高组织的整体知识水平和工作效率。

2. 隐性知识管理策略

（1）识别与记录。其一，使用专家访谈、问卷调查等方法识别隐性知识。隐性知识往往隐藏在员工的大脑中，难以直接获取。为有效地识别隐性知识，组织需要采取一系列的方法。其中，专家访谈是一种常用的方法。通过邀请具有丰富经验和专业知识的员工进行深入访谈，组织可以了解他们的专业技能、工作经验和创新思维，进而挖其掘出潜在的隐性知识。此外，问卷调查也是一种有效的识别方法。通过设计合理的问卷，组织可以广泛地收集员工的知识和经验，了解他们的想法和观点。

例如，某汽车制造商在开发新车型时，通过组织专家访谈和问卷调查，成功地识别出了员工在车身设计、发动机技术等方面的隐性知识。这些隐性知识为后续的产品开发提供了重要的指导。

其二，鼓励员工记录日常工作中的经验教训、技巧心得。除通过专家访谈和问卷调查识别隐性知识外，组织还应鼓励员工主动记录日常工作中的经验教训、技巧心得。这些记录不仅可以帮助员工个人总结经验、提升能力，还成为组织宝贵的知识资源。为激发员工的记录热情，组织可以提供适当的奖励和激励措施，如设立"知识贡献奖"等。同时，组织还可以建立知识库或知识管理系统，将员工的记录进行整理和分类，方便其他员工查阅和学习。

例如，某IT公司鼓励员工使用企业内部博客或知识管理系统记录自己的技术心得和解决方案。这些记录不仅能帮助其他员工解决工作中的问题，还能促进员工之间的交流和合作。同时，这些记录也为公司的知识库增添了新的内容，提升了公司的整体知识水平。

3.激励与分享机制

（1）设立知识分享奖励制度，激励员工贡献隐性知识。为激发员工分享隐性知识的积极性，组织应设立知识分享奖励制度。这些奖励可以是物质奖励，如奖金、奖品等；也可以是精神奖励，如荣誉证书、表彰大会等。通过设立知识分享奖励制度，组织可以表彰那些积极分享隐性知识的员工，树立榜样，营造知识共享的良好氛围。同时，知识分享奖励制度还可以激发员工的竞争意识和创新精神，推动组织内部的知识创新和发展。

例如，某咨询公司设立了"知识之星"奖励制度。每月，公司都会评选出在知识分享方面表现突出的员工，并给予他们丰厚的奖金和荣誉证书。这一奖励制度有效地激发了员工分享隐性知识的热情，促进了公司内部的知识流动和共享。同时，这也为公司的咨询服务提供了更多的创新思路和解决方案。

（2）举办知识分享会、经验交流会，促进知识流动。除设立知识分享奖励制度外，组织还应定期举办知识分享会、经验交流会等活动。这些活动可以为员工提供一个展示和分享隐性知识的平台，促进员工之间的交流和互动。通过分享和交流，员工可以相互学习、共同进步，进而提高组织的整体知识水平和工作效率，促进知识流动。同时，这些活动还可以增强员工之间的信任和合作关系，推动组织内部的团队协作和创新发展。

例如，某制造企业每年都会举办一次"技术革新分享会"。在分享会上，技术骨干会分享自己的创新成果和心得体会，而其他员工可以提问和交流。这种分享会不仅为员工提供了学习新技术、新方法的机会，还激发了员工的创新意识和创造力。同时，这些分享也为公司的技术创新和持续改进提供了源源不断的动力。

4. 技术辅助

（1）利用知识管理系统、企业内部社交网络等工具。随着信息技术的不断发展，知识管理系统、企业内部社交网络等工具已成为组织管理隐性知识的重要手段。这些工具可以帮助组织有效地存储、检索和分享隐性知识，提高知识管理的效率和效果。知识管理系统通常包括知识库、知识地图、知识搜索等功能模块。组织可以将员工的隐性知识转化为文档、图片、视频等形式，并存储在知识库中供员工查阅和学习。同时，知识地图可以帮助员工快速找到所需的知识资源，提高知识检索的效率。企业内部社交网络则可以为员工提供一个交流和分享隐性知识的平台，促进员工之间的互动和合作。通过这些工具的应用，组织可以更好地管理和利用隐性知识资源，提高组织的整体知识水平和工作效率。

例如，某银行利用知识管理系统存储了大量的业务知识和案例。员工在遇到问题时，可以通过知识搜索功能快速找到相关的解决方案和案例。这不仅提高了员工的工作效率和问题解决能力，还促进了组织内部的知识共享和传承。同时，该银行还利用企业内部社交网络建立了专家库和技能数据库，方便员工之间交流和合作。这些措施有效地提升了该银行的知识管理水平和服务质量。

（2）开发专门的隐性知识管理工具，如专家网络、技能数据库。除利用现有的知识管理系统和企业内部社交网络外，组织还可以根据自身的需求开发专门的隐性知识管理工具。例如，专家网络可以帮助组织识别和联系具有特定领域知识和技能的专家，方便员工在遇到问题时寻求帮助和指导。技能数据库则可以记录员工的技能和经验，为组织的人才培养和选拔提供依据。这些专门的管理工具可以更好地满足组织对隐性知识管理的需求，提高知识管理的针对性和实效性。

例如，某科技公司开发了一个专家网络系统。该系统可以根据员工的技能和经验进行智能匹配，帮助员工找到最合适的专家进行咨询和交流。这不仅提高了员工的工作效率和问题解决能力，还促进了组织内部的知识共享和传承。同时，该系统还为公司的人才培养和选拔提供了有力的支持。

4. 文化建设

（1）营造开放、信任、学习的文化氛围，鼓励知识共享。组织文化是影响隐性知识管理的重要因素之一。为有效地管理隐性知识，组织需要营造一种开放、信任、学习的文化氛围。在这种氛围中，员工愿意分享自己的知识和经验，愿意向他人学习和请教。同时，组织还需要建立一种信任机制，确保员工在分享知识时不会受到不公平的待遇或损失。通过营造这种文化氛围和信任机制，组织可以激发员工分享隐性知识的积极性，促进组织内部的知识共享和协作。

例如，某互联网公司倡导"开放、共享、创新"的文化理念。该公司鼓励员工之间互相学习和交流，提倡知识共享和团队协作。同时，该公司还建立了一套完善的信任机制，确保员工在分享知识时不会受到任何损失或惩罚。这种文化氛围和信任机制有效地激发了员工分享隐性知识的热情，促进了公司内部的知识流动和共享。

（2）强调团队合作，促进跨部门、跨职能的知识交流。除营造开放、信任、学习的文化氛围外，组织还需要强调团队合作的重要性。通过促进跨部门、跨职能的知识交流，组织可以打破部门之间的壁垒和隔阂，实现知识的共享和整合。同时，团队合作还可以增强员工之间的信任和合作关系，提高组织的整体效能和创新能力。

例如，某制造企业为促进跨部门之间的知识交流，定期举办跨部门的知识分享会和研讨会。在这些活动中，不同部门的员工可以互相学习和交流，分享各自的知识和经验。这不仅促进了组织内部的知识流动和共享，还增强了员工之间的合作关系和团队精神。同时，这种跨部门的交流还为公司的产品创新和市场拓展提供了更多的思路和解决方案。

综上所述，隐性知识的管理对于组织而言至关重要。通过制订有效的隐性知识管理策略，组织可以更好地挖掘和利用员工的隐性知识资源，提高组织的整体知识水平和工作效率。同时，这些策略还可以促进组织内部的知识共享和协作，提高员工的创新意识和创造力，为组织的持续发展提供有力的支持。

5. 显性知识管理策略

显性知识，作为组织知识体系中可明确表达、易于传播的部分，其有效管理对于提升企业竞争力具有至关重要的作用。以下是对显性知识管理策略的详细探讨。

（1）分类与存储。一是建立统一的知识分类体系。为实现对显性知识的高效管理，组织首先需要建立一套统一且易于理解的知识分类体系。这一体系应涵盖组织的各个领域，确保知识的全面性和系统性。在分类时，应遵循逻辑清晰、层次分明、易于检索的原则，为每种知识赋予明确的标签和分类，以便员工在需要时能够快速准确地找到所需知识。

以某科技公司为例，该公司将其显性知识分为产品知识、技术知识、市场知识和管理知识四大类，并在每大类下进一步细分出具体的子类别。如产品知识细分为产品功能、产品性能、产品使用说明等；技术知识细分为编程语言、开发框架、技术难题解决等。这种分类方法不仅有助于员工快速定位所需知识，还提高了知识的使用效率。

二是使用文档管理系统、云存储等技术。随着信息技术的飞速发展，文档管理系统和云存储等先进技术为显性知识的存储提供了极大地便利。这些技术不仅确保了知识的安全性和可靠性，还提供了强大的检索功能，使员工能够迅速找到所需知识。

文档管理系统通常具备版本控制、权限管理、全文检索等功能，可以实现对显性知识的有效管理和利用。而云存储则提供了更加灵活和可扩展的存储方案，支持多终端访问和共享，方便员工随时随地获取所需知识。

以某制造企业为例，该企业采用了一款先进的文档管理系统，将企业内部的技术文档、产品手册、培训资料等全部数字化存储。员工只需在系统中输入关键词，即可快速找到相关信息，极大地提高了工作效率。同时，该企业还将部分非敏感知识上传至云存储平台，实现了知识的跨地域共享和协作。

（2）更新与维护。一是定期审查知识库内容。为确保显性知识的准确性和时效性，组织应定期审查知识库内容。包括检查知识的完整性、准确性和时效性，及时发现并删除过时或无效的知识，更新最新的市场动态、政策法规和内部流程等。通过定期审查，可以确保员工在需要时能够获取到最新、最准确的知识。

以某金融机构为例，该机构每季度都会对其知识库进行一次全面审查，由专门的知识管理团队负责。他们会对知识库中的每条信息进行逐一核对，确保信息的准确性和时效性。同时，他们还会根据业务发展和市场变化，及时添加新的知识和信息，保持知识库的动态更新。

二是鼓励员工贡献新知识。为保持知识库的动态更新和丰富性，组织应鼓励员工积极贡献新知识。这可以通过设立奖励机制、提供培训和支持等方式来实现。当员工在工作中遇到新问题或发现新知识时，可以将其记录下来并分享给同事，进而丰富组织的知识库。

以某互联网公司为例，该公司设立了一个"知识之星"奖励计划，每月评选出贡献最多新知识的员工并给予奖励。这种奖励机制激发了员工的积极性和创造力，使他们更加愿意分享自己的知识和经验。同时，该公司还定期举办知识分享会和交流活动，为员工提供交流和学习的平台，进一步促进了知识的共享和传播。

（3）培训与学习。一是利用在线课程、培训资料等。为促进显性知识的学习和传播，组织可以利用在线课程、培训资料等学习资源。这些资源涵盖组织的各个领域和层面，包括产品知识、技术技能、市场策略、管理理念等。通过提供丰富多样的学习资源，可以帮助员工系统地掌握所需知识，提升他们的专业素养和工作能力。

以某大型跨国公司为例，该公司开发了一套全面的在线学习平台，包含各类培训课程和学习资料。员工可以根据自己的需求和兴趣选择合适的课程进行学习，并通过在线测试和互动讨论巩固所学。该平台还支持移动学习，使员工能够随时随地进行学习，提高了学习的灵活性和便捷性。

二是建立学习管理系统。学习管理系统（LMS）是一种用于跟踪和管理员工学习进度的工具。通过LMS，组织可以了解员工的学习进度、成绩和反馈等信息，进而调整和优化培训计划。LMS还可以提供个性化的学习路径和推荐，帮助员工更加高效地学习。

以某教育机构为例，该机构采用了一款先进的LMS跟踪学生的学习进度和成绩。教师可以通过LMS了解学生的学习情况，及时调整教学策略和提供个性化指导。同时，学生也可以通过LMS查看自己的学习进度和成绩，激发学习动力和提高学习效果。该机构还利用LMS对学生的学习数据进行挖掘和分析，为教学改进和课程优化提供了有力支持。

（4）知识应用与创新。一是鼓励员工将显性知识应用于工作实践。显性知识的价值在于其能够解决实际问题并推动工作创新。因此，组织应鼓励员工将所学知识应用于工作实践中，通过实践检验和完善知识。这可以通过设立实践项目、提供实践机会和资金支持等方式实现。

以某制造企业为例，该企业鼓励员工将所学的技术知识和产品知识应用于产品研发和生产过程中。员工可以根据自己的经验和知识提出改进方案和创新思路，并通过实践验证其可行性。该企业还设立了创新基金，为员工提供资金支持和资源保障，促进了创新成果的转化和应用。这种实践应用不仅提高了产品质量和生产效率，还激发了员工的创新精神和创造力。

二是设立创新激励机制。为促进显性知识与隐性知识的融合并产生新知识，组织应设立创新激励机制。包括设立创新奖励、提供创新资源和支持、建立创新团队和平台等方式鼓励员工积极参与创新活动。通过创新激励机制，可以激发员工的创新精神和创造力，推动组织的持续发展和竞争优势的提升。

以某公司为例，该公司在产品开发过程中非常注重隐性知识与显性知识的相互转换和创新。该公司鼓励员工将所学的技术知识和市场知识应用于新产品研发中，并通过团队合作和讨论激发新的创意和想法。同时，该公司还设立了创新奖励机制以表彰在创新方面作出突出贡献的员工。这种创新激励机制不仅激发了员工的创新精神和创造力，还推动了公司的持续发展和竞争优势的提升。该公司的成功案例表明，通过设立创新激励机制，可以有效地促进显性知识与隐性知识的结合和创新，为组织的持续发展注入新的活力。

综上所述，显性与隐性知识管理策略是组织提升竞争力和创新能力的重要手段。通过分类与存储、更新与维护、培训与学习，以及知识应用与创新等策略，可以有效地管理显性知识；而通过识别与记录、激励与分享、技术辅助，以及文化建设等策略，则可以有效地管理隐性知识。组织应根据自身情况和需求，制订适合的知识管理策略，并不断优化和完善，以实现知识的最大化利用和价值的最大化创造。

【案例9-1】

本田"高个儿男孩"项目：隐性知识到显性知识的转化实践

本田公司，作为全球汽车制造业的巨头，其在知识创新方面的成就尤为显著。1978年，本田公司面临市场挑战，其传统车型已逐渐失去竞争力，而新一代消费者对汽车的需求也发生了变化。在此背景下，本田公司启动了新型概念车的开发项目，即"高个儿男孩"项目，该项目成功地将团队成员的隐性知识转化为显性知识，推动了汽车设计的创新。

随着社会的不断发展，本田公司的城市型和协和型车型已无法满足市场需求。新一代消费者对汽车有着更为非传统和个性化的需求。本田公司意识到，必须推出一款全新的车型，以便重新赢得市场。为此，本田公司组建了一个由青年工程师和设计师组成的新产品开发组，并设定了两个核心目标：一是创造一款与本田过去所有车型都截然不同的产品；二是实现低成本但不失品质的设计。

在项目初期，开发组尝试对城市牌汽车进行小型化和低成本的改进，但很快发现这种选择无法满足领导层的期望。面对困境，项目组长提出了"汽车进化"的设想，将汽车视为一个有机体，鼓励团队成员讨论其可能的进化方向。这一过程中，团队成员的隐性知识，即对汽车设计的直觉、经验和对用户需求的深刻理解开始逐渐浮现。

通过一系列的讨论和头脑风暴，开发组提出了"人机最大化，机器最小化"的设计理念。这一理念挑战了汽车行业的传统定律，即"底特律惯例"，即为了外观而牺牲舒适性。它体现了团队成员对理想汽车形态的共识，是隐性知识向显性知识转化的关键一步。

基于"人机最大化，机器最小化"的理念，开发组决定采用"球形"作为新型汽车的结构。这种设计使得车身"短"而"高"，相比传统车型更轻、更便宜且更舒适。球形结构为乘客提供了更大的内部空间，同时减少了道路占用面积，优化了发动机和机械系统的布局。这一创新设计，直接挑战了当时"长"而"矮"的主流设计趋势。

在显性知识的形成过程中，本田公司采取了多种措施促进隐性知识的转化。

（1）跨部门协作：组建跨职能团队，确保不同领域的知识能够相互融合。

（2）知识共享平台：搭建内部知识库和共享平台，鼓励团队成员分享经验和知识。

（3）快速原型制作：通过快速原型制作和测试，加速知识向实际产品的转化。

（4）持续学习与反馈：建立持续学习和反馈机制，不断优化设计方案。

"高个儿男孩"项目的成功，不仅为本田公司赢得了市场先机，更引领了汽车设计的新潮流。其"人机最大化，机器最小化"的理念，成为后续多款车型设计的核心原则。通过这一项目，本田公司成功地将团队成员的隐性知识转化为显性知识，并通过产品创新实现了市场竞争力的提升。

据统计，该项目在开发过程中共产生了数百项创新点，其中大部分来源于团队成员的隐性知识。这些创新点不仅提升了产品的性能和质量，还降低了生产成本，为本田公司带来了显著的经济效益。

9.3 知识产权保护与管理

知识产权保护与管理是企业创新管理的重要组成部分。通过加强知识产权识别与评估、申请与维护流程、知识产权许可与转让策略，以及知识产权风险管理与应对策略等方面的工作，企业能够充分激发创新活力、保障创作者权益、推动技术转移与商业化进程。同时，企业还应注重知识产权人才的培养和引进工作，为知识产权保护与管理提供有力的人才保障。在未来的发展中，企业应继续加强知识产权保护与管理工作，提高自身的创新能力和竞争力。

1. 知识产权

知识产权（IP）是指人们在科学、技术、文化、艺术等领域创造的智力成果所享有的专有权利。它主要包括以下4种类型。

（1）专利：专利是对发明创造的一种法律保护，包括发明专利、实用新型专利和外观设计专利。发明专利保护的是新的技术方案，实用新型专利保护的是对产品的形状、构造或者二者结合所提出的适于实用的新的技术方案，外观设计专利保护的是产品的整体或者局部的形状、图案或者其结合以及色彩与形状、图案的结合所作出的富有美感并适于工业应用的新设计。

（2）商标：商标是用来区别一个经营者的品牌或服务和其他经营者的商

品或服务的标记。商标可以是文字、图形、字母、数字、三维标志、颜色组合和声音等，以及上述要素的组合。商标的注册和保护有助于维护品牌形象，防止混淆和误导消费者。

（3）版权：版权是指作者对其创作的文学、艺术和科学作品所享有的权利。版权保护的范围包括文字作品、口述作品、音乐、戏剧、曲艺、舞蹈、杂技艺术作品、美术、建筑作品、摄影作品、电影作品和以类似摄制电影的方法创作的作品、工程设计图、产品设计图、地图、示意图等图形作品和模型作品、计算机软件，以及法律、行政法规规定的其他作品。

（4）商业秘密：商业秘密是指不为公众所知悉、能为权利人带来经济利益、具有实用性并经权利人采取保密措施的技术信息和经营信息。商业秘密的保护不依赖于注册或登记，而是依赖于权利人的保密措施。

2. 知识产权保护的重要性

知识产权保护在创新体系中扮演着至关重要的角色，其重要性主要体现在以下3个方面。

（1）激励创新：知识产权保护为创新者提供了法律保障，使得创新者能够独占其创新成果带来的经济利益，进而激发了创新者的积极性。据世界知识产权组织（WIPO）的数据，拥有有效专利的企业在研发投入和创新能力上普遍高于没有专利的企业。

（2）保障创作者权益：知识产权制度确保了创作者对其智力成果的控制权，防止他人未经许可的使用和侵权，进而维护了创作者的合法权益。例如，版权法保护了作家的著作权，使得他们能够从作品的出版、销售中获得经济回报。

（3）促进技术转移与商业化：知识产权保护为技术转移和商业化提供了法律框架，使得创新成果能够顺畅地从研发阶段过渡到生产阶段，进而推向市场。通过专利许可、技术转让等方式，创新者可以获得经济回报，同时也推动了技术的广泛应用和产业升级。

3. 知识产权管理策略

知识产权管理是企业创新管理的重要组成部分，它涉及知识产权的识别、评估、申请、维护、许可、转让，以及风险管理等多个方面。以下将从这

4个方面详细介绍知识产权管理策略。

（1）知识产权识别与评估是知识产权管理的基础。企业需要对自身的技术成果、商标、版权等知识产权进行全面梳理和评估，明确哪些成果具有申请知识产权的价值和潜力。

技术成果评估：企业应组织专业团队对研发过程中的技术成果进行评估，判断其是否具有新颖性、创造性和实用性。这通常涉及对现有技术的调研和分析，确定技术成果是否满足专利申请的条件。例如，某企业在研发一项新技术时，通过专利检索发现该技术已经被其他企业申请专利，及时调整了研发方向，避免了无效的研发投入。

商标评估：企业应对自身的商标进行评估，判断其是否具有显著性和识别性。同时，还需关注市场上同类商标的注册情况，避免商标冲突。例如，某企业在注册商标前进行了全面的商标查询，发现所选商标与已注册商标存在近似情况，及时更换了商标设计，避免了后续的商标纠纷。

版权评估：对于原创的文学、艺术和科学作品，企业应及时进行版权登记，明确版权归属和保护范围。同时，还需关注作品的使用情况，防止侵权行为的发生。例如，某出版社在出版一本新书前，与作者签订了版权合同，明确了版权的归属和使用范围，进而避免了后续的版权纠纷。

（2）申请与维护流程

知识产权申请与维护是知识产权管理的关键环节。企业需要按照相关法律法规的规定，及时申请并维护自己的知识产权。

专利申请流程：专利申请通常包括准备申请材料、提交申请、审查阶段和授权公告等步骤。在准备材料时，企业需要提供详细的说明书和权利要求书等文件。提交申请后，专利局将对申请进行审查，包括初步审查和实质审查等阶段。审查通过后，专利局将颁发专利证书，并对专利进行公告。在专利有效期内，企业需要按时缴纳年费以维持专利的有效性。

商标注册流程：商标注册流程通常包括商标查询、准备材料、提交申请、审查阶段和注册公告等步骤。在商标查询阶段，企业需要确认所选商标是否与已注册商标存在冲突。在准备材料阶段，企业需要提供商标图样、商标注册申请书等文件。提交申请后，商标局将对申请进行审查，包括形式审查和实质审查等阶段。审查通过后，商标局将对商标进行注册公告，并发放商标注册证书。在商标有效期内，企业需要按时进行续展以维持商标的有效性。

版权登记流程：版权登记流程相对简单，通常包括准备材料、提交申请和发放证书等步骤。在准备材料时，企业需要提供作品样本、版权登记申请表等文件。提交申请后，版权登记机构将对申请进行审查，确认作品的原创性和版权归属。审查通过后，版权登记机构将发放版权登记证书。虽然版权自作品创作完成之日起即自动产生，但版权登记可以为权利人提供更强的法律保障。

（3）知识产权许可与转让策略

知识产权许可与转让是企业实现知识产权价值的重要途径。企业应根据自身发展战略和市场需求，制订合理的知识产权许可与转让策略。

知识产权许可：知识产权许可是指知识产权权利人允许他人在一定范围内使用其知识产权的行为。许可方式通常包括普通许可、排他许可和独占许可等。在选择许可方式时，企业应综合考虑市场需求、竞争对手情况、知识产权价值等因素。例如，某企业拥有一项核心技术专利，为扩大市场份额，该企业选择将专利许可给多家企业使用，并收取一定的许可费用。这既实现了专利的价值，又促进了技术的广泛应用。

知识产权转让：知识产权转让是指知识产权权利人将其知识产权的所有权或使用权转让给他人的行为。转让方式通常包括全部转让和部分转让等。在转让知识产权时，企业应明确转让的权利范围、地域范围、期限等关键条款，并签订书面转让合同。同时，还需注意遵守相关法律法规的规定，确保转让行为的合法性和有效性。例如，某企业拥有一项不再使用的商标，为避免资源浪费，该企业选择将商标转让给另一家企业，并获得了相应的转让费用。这既实现了商标的价值，又促进了资源的合理配置。

（4）知识产权风险管理与应对策略

知识产权风险管理是企业知识产权管理的重要组成部分。企业需要对可能面临的知识产权风险进行识别和评估，并制订相应的应对策略。

侵权风险：企业在使用他人知识产权时，可能面临侵权风险。为降低侵权风险，企业应加强知识产权尽职调查，确保所使用的知识产权具有合法来源。同时，还需建立完善的内部监控机制，及时发现并纠正侵权行为。例如，某企业在使用一项技术时，未经过专利权人的许可，导致了侵权纠纷。为避免类似情况的再次发生，该企业加强了知识产权尽职调查，确保所使用的技术具有合法来源。

被侵权风险：企业的知识产权可能受到他人的侵犯。为应对被侵权风险，企业应加强知识产权监控和维权工作。一旦发现侵权行为，企业应及时采取法律手段进行维权，包括发送警告函、提起诉讼等。例如，某企业的商标被另一家企业侵权使用，该企业及时采取了法律手段进行维权，最终成功维护了自己的商标权益。

国际风险：在全球化背景下，企业可能面临国际知识产权风险。为降低国际风险，企业应加强国际知识产权布局和保护工作。例如，在海外市场申请专利、注册商标等，提高自身在全球范围内的知识产权竞争力。同时，企业还应关注国际知识产权法律动态和规则变化，及时调整知识产权战略和策略。

【案例9-2】

华为知识产权管理：创新驱动发展的典范

华为，作为全球领先的信息和通信技术（ICT）解决方案供应商，其在知识产权保护与管理方面的卓越实践，为自身的持续创新和发展奠定了坚实的基础。通过一系列高效的知识产权管理策略，华为不仅保护了自身的创新成果，还实现了知识产权价值的最大化，成为全球企业知识产权管理的标杆。

华为深知知识产权是企业创新的核心资产，因此建立了一套完善的知识产权管理体系和流程。在研发过程中，华为对每一项技术成果进行严格的识别和评估。据统计，华为每年投入的研发费用超过销售收入的10%，2021年更是达到了惊人的1427亿元人民币，占全年收入的22.4%。这一巨额投入的背后，是华为对技术创新的不懈追求和对知识产权保护的深刻认识。

华为的知识产权团队利用先进的专利检索和分析工具，对全球范围内的专利文献进行深入研究，确保技术成果的新颖性、创造性和实用性。通过这一流程，华为能够准确判断哪些技术成果值得申请专利，从而避免不必要的资源浪费。例如，华为在5G技术领域的专利布局，就是基于精准的知识产权识别和评估，确保了其在全球5G竞赛中的领先地位。

在知识产权申请和维护方面，华为采取了全球布局的策略。截至2021年底，华为在全球范围内累计申请专利超过20万件，其中发明专利占比超过90%。这些专利覆盖了通信、智能终端、云计算、人工智能等多个领域，为华为的创新成果提供了强有力的法律保护。

华为不仅注重专利的数量，更注重专利的质量。在申请过程中，华为严格遵守各国和地区的法律法规，确保专利申请的合法性和有效性。同时，华为还按时缴纳年费和维护费用，确保已获得的专利的时效性。这一严谨的申请与维护流程，为华为在全球范围内的技术创新和市场竞争提供了坚实的支撑。

华为通过知识产权许可和转让，实现了知识产权价值的最大化。华为与多家企业签订了专利许可协议，允许这些企业使用其专利技术，并收取一定的许可费用。这种策略不仅为华为带来了可观的经济收益，还促进了技术的广泛应用和产业的协同发展。

此外，华为还将一些不再使用的商标和专利进行转让，实现了资源的合理配置。这一策略有助于华为优化知识产权结构，提高知识产权的利用效率，为其持续发展注入新的活力。

在知识产权风险管理和应对方面，华为采取了全面防控的策略。通过加强知识产权尽职调查和内部监控机制，华为能够及时发现并纠正侵权行为，保护自身的合法权益。同时，华为还积极应对国际知识产权风险，加强国际知识产权布局和保护工作。

面对全球范围内的知识产权挑战，华为不断加强与国际组织和同行的合作，共同推动知识产权保护的国际化进程。通过参与国际标准的制定和修订，华为提高了自身在全球范围内的知识产权竞争力，为国际化发展提供了有力的支持。

综上所述，华为在知识产权保护与管理方面的卓越实践，为自身的持续创新和发展提供了坚实的保障。通过精准高效的知识产权识别与评估、全球布局的申请与维护流程、价值最大化的许可与转让策略，以及全面防控的风险管理与应对策略，华为成为创新驱动发展的典范。在未来，华为将继续加强知识产权保护与管理工作，为全球的科技创新和产业发展贡献更多的智慧和力量。

9.4　知识管理技术与工具

知识管理技术作为现代企业提升竞争力的核心策略，正日益展现出其不可替代的重要性。知识管理技术以现代信息技术为基石，通过一系列单项技术及其综合构成的技术体系，为组织提供了全方位的知识管理解决方案。

1. 知识管理技术的概念

知识管理技术是指以现代信息技术为基础，能协助组织实现知识管理，应用于知识管理各流程的单项技术及由此构成的技术体系。例如，分布式存储管理、集群系统、Intranet、数据库、电子表格及群件等单项技术，构成强大的知识管理系统，使各类知识的获取、分类、存储、查找、更新、传递等变得更加容易。

2. 知识管理技术设计规划原则

（1）以经验为中心，考虑交互的连贯性、人为联系和自动处理之间的平衡，以及对未来的适应能力等因素。

（2）将收益作为驱动力和面向任务、注重实效的技术规划和设计，保证技术为企业发展战略服务的正确导向。

（3）使用元搜索、分层目录式搜索、标志属性搜索和内容搜索等不同方式或其中几种的组合，建立强大的搜索提取和信息封装机制，获取和应用有价值的知识。

（4）有选择地使用商务智能工具，并调动现有技术系统协同工作，沟通并综合各种沟通渠道和接入点，提高企业知识管理系统的商务智能化程度。

（5）利用网络集成工具、多媒体指示器、电子社区、Voice over IP 和智能路由等非正规途径和机制，促进非正规的联系方式。

（6）拓宽技术的应用范围，提高知识传输和知识实时应用的能力，找出意会性知识的来源，促进合理决策的形成。

（7）用户界面应考虑到功能性、连贯性、相关性、适直航性、客户化的能力和持久性等主要因素，以便满足客户的实际需要。

（8）技术系统必须得到后期验证，并且兼具开放性标准和可升级性满足技术的快速更新已经并仍将带来的新的信息源和无法预测的通信方式信息转换，以及对知识共享服务的需求。

3. 信息技术支持

信息技术在知识管理中发挥着至关重要的作用，它为企业提供了存储、检索、分享和应用知识的平台与工具。以下是3种关键的信息技术支持，它们共同构成了知识管理的技术基础。

（1）知识库系统：显性知识的集散地。知识库系统是知识管理的核心组件，它主要用于存储、检索和分享显性知识。显性知识，作为可以通过文字、数字、图像等形式明确表达的知识，如报告、文档、数据表等，是组织知识的重要组成部分。知识库系统通过提供结构化的存储方式和强大的检索功能，使得员工能够快速定位并获取所需知识，从而显著提升工作效率。

以某国际咨询公司为例，该公司建立了一个涵盖数万个项目案例、研究报告和行业分析的全球知识库系统。员工可以通过关键词搜索、分类浏览等多种方式，轻松找到相关知识和经验，为客户的咨询服务提供有力支持。数据显示，该知识库系统的使用使得员工的工作效率提高了30％，同时客户满意度也显著提升，达到了95％的满意度水平。

（2）协作平台：隐性知识的交流场。协作平台是促进隐性知识交流与转化的重要工具。隐性知识，作为存在于个人头脑中的、难以用言语表达的知识，如经验、技能、直觉等，是组织知识中不可或缺的一部分。协作平台通过提供社交媒体、在线论坛、即时通信等功能，为员工创造便捷的交流环境，使得隐性知识的传播和转化更加高效。

以某科技公司为例，该公司建立了一个内部协作平台，员工可以在平台上发布问题、分享心得、讨论技术难题。通过平台的互动功能，员工之间的合作更加紧密，隐性知识的传递更加顺畅。据统计，该平台的使用使得问题解决时间缩短了50％，同时创新项目的成功率也大幅提高，达到了80％以上的成功率。

（3）数据挖掘与人工智能：知识的智能提取器。数据挖掘与人工智能技术在知识管理中发挥着越来越重要的作用。它们能够从大量数据中提取有价值的知识，为企业的决策提供数据支持。通过数据挖掘技术，企业可以发现客户的购买偏好、市场趋势等信息；通过人工智能技术，企业可以实现智能推荐、自动分类等功能，进一步提高知识管理的效率。

以某电商公司为例，该公司利用数据挖掘技术，对客户的购买记录进行分析，发现了客户的购买偏好和消费习惯。基于这些信息，该公司推出了个性化的推荐系统，使得客户的购买转化率提高了20%。同时，该公司还利用人工智能技术，对商品进行自动分类和标签化，提高了商品管理的效率，商品分类准确率达到了98%以上。

4. 知识地图与本体

知识地图与本体是构建知识结构、导航知识资源的重要工具，它们能够促进知识的共享与重用，为组织的知识管理提供有力支持。

（1）知识地图：知识的可视化导航。知识地图是一种可视化的知识导航工具，它能够将组织中的知识资源进行整理和分类，形成清晰的知识结构。通过知识地图，员工可以快速找到所需的知识资源，提高工作效率。同时，知识地图还能够展示知识之间的关系，帮助员工更好地理解知识的内在逻辑。

以某研究机构为例，该机构建立了一个包含所有研究项目、研究成果和研究人员的知识地图。员工可以通过地图快速找到相关的研究项目和成果，了解研究人员的专长和研究方向。这种知识地图的使用，使得研究机构的知识资源得到了有效的利用和传播，研究项目的成功率也得到显著提高。

（2）本体：知识的统一描述语言。本体是一种用于描述知识结构和概念关系的工具，它能够提供一种通用的语言表达和组织知识。通过本体，企业可以建立统一的知识表示方式，促进不同部门之间的知识共享和重用。

以某制造业企业为例，该企业建立了一个产品本体，用于描述产品的结构、功能、材料等信息。通过本体，该企业的不同部门可以共享产品的相关知识，提高产品的研发和生产效率。同时，本体还能够为该企业的知识管理提供基础支持，促进知识的长期保存和传承。据统计，该企业的产品研发周期缩短了20%，生产效率也得到显著提高。

5. 学习管理系统

学习管理系统是支持个性化学习、促进知识吸收与提升创新能力的重要工具。它能够根据员工的学习需求和兴趣，提供定制化的学习资源和路径，帮助员工快速掌握所需的知识和技能。

（1）个性化学习：激发学习动力与提高效果。学习管理系统通过收集员工的学习数据和行为信息，分析员工的学习需求和兴趣，为员工提供定制化的学习资源和学习路径。这种定制化的学习方式，能够激发员工的学习动力，提高学习效果。

以某金融公司为例，该公司利用学习管理系统，为员工提供了定制化的金融课程和学习资源。员工可以根据自己的需求和兴趣，选择适合自己的课程和学习路径。通过定制化的学习，员工的金融知识和技能得到了显著提升，为公司的业务发展提供了有力支持。据统计，该公司员工的金融知识掌握程度提高了50％，业务处理能力也得到显著提高。

（2）知识吸收与创新能力提升：培养创新思维与创造力。学习管理系统还能够促进知识的吸收和创新能力的提升。通过提供丰富的学习资源和互动功能，学习管理系统能够帮助员工深入理解和掌握知识，激发员工的创新思维和创造力。

以某科技创新公司为例，该公司利用学习管理系统，为员工提供了大量的技术文档、案例分析和创新工具。员工可以通过系统学习最新的技术知识和创新方法，参与在线讨论和协作，提高自己的创新能力。据统计，该公司的创新项目数量和质量都得到了显著提升，创新项目的成功率达到了90％以上，为公司的持续发展提供了有力保障。

综上所述，知识管理技术与工具在现代企业中发挥着至关重要的作用。它们通过提供信息技术支持、构建知识结构与导航，以及支持个性化学习与创新能力提升等多种方式，为组织的知识管理提供了全方位的支持。未来，随着技术的不断进步和应用的深入拓展，知识管理技术与工具将在更多领域发挥更大的作用，为企业的持续发展注入新的活力。

【案例9-3】

一汽海马知识管理系统构建案例：驱动创新，提升核心竞争力

在中国汽车市场高速增长的背景下，一汽海马汽车有限公司面临着日益激烈的市场竞争。为在竞争中脱颖而出，一汽海马认识到，提升自主研发能

力和创新能力是关键。然而，企业以往的技术知识和能力多掌握在员工个人手中，缺乏整体的知识积淀，这严重限制了创新能力的提升。因此，一汽海马决定构建知识管理系统，积累、总结和分析知识，为企业的独立研发和创新能力奠定坚实的基础。

一、系统构建过程与实施举措

1. 选择合作伙伴与系统方案

2005年，一汽海马选择了蓝凌公司作为合作伙伴，该公司是国内领先的知识管理应用解决方案供应商。一汽海马采用了蓝凌公司提供的基于IBM Lotus的KOA解决方案，用来构建知识管理系统。该方案集协同工作、实时通信、信息发布、行政办公、业务流程等于一体，不仅满足企业内部办公需求，还具备在未来和关键业务系统进行数据集成的技术可实现性，进而为形成企业统一的知识管理体系提供了技术保障。

2. 实施模式与准备

KOA系统的建设采用了"咨询+实施"的模式。蓝凌公司帮助一汽海马在建设前做好了充分准备，包括对企业内部流程的梳理和分析。

3. 宣传推广与培训

为提高员工对知识管理系统的认同感，一汽海马采取了多种宣传手段。在办公区设置了16个"易拉宝"，发布关于KOA系统应用的宣传手册，并开展了大规模的培训活动。这些举措有效提升了员工对系统的认知和使用意愿。

4. 系统功能与特点

通过知识梳理，KOA系统将来自不同部门的文档分类整理，形成知识树、制度树、专家地图等，并将其固化于系统平台。员工可以上传工作总结、专业知识库、业务文档、案例分析等知识文档，系统通过有效的管理激励措施促进显性知识的沉淀与分享。

二、实施效果与数据分析

KOA系统在一汽海马的成功实施，对一汽海马产生重大影响。KOA系统上线后，一汽海马内部办公效率大幅提升，形成了一个统一的企业知识库。截至2007年10月7日，KOA系统已拥有流程总量20220个、工作总结2928份、业务文档898条、TS16949文件572份、标准化专栏855份。这些数据的积累，为一汽海马的独立研发和创新能力提供了有力支持。

三、对一汽海马创新力的影响与未来规划

1. 创新力提升

知识管理系统的构建，使一汽海马得以有效积累、整理和分析企业内部的知识资源。这不仅促进了知识的共享和传承，还激发了员工的创新思维。通过KOA系统，员工可以方便地获取所需的知识和信息，提高了工作效率和创新能力。

2. 未来规划

一汽海马计划将KOA系统建设成为一个企业知识管理门户，将关键业务系统嵌入到这个门户中。不仅实现业务部门的信息发布和实时业务数据的展现，还能进一步提升企业的管理效率和决策水平。此外，KOA系统还将继续向经销商和供应商层面推广，实现更广泛的信息交互和知识分享，构建更加紧密的产业链合作关系。

【思考与练习】

1. 思考隐性知识与显性知识的最大区别是什么？

2. 思考知识管理对于创新的作用和意义？

3. 思考知识管理技术的发展与知识经济的发展是不是同步进行的？